程序思维与 C 语言实现

主 编　张　祎　王俊海　吕　波

副主编　屈　晶　梁　宇　刘盈江　宁广健

　　　　张梦军　彭　飞　赵牟兵

中国水利水电出版社
www.waterpub.com.cn
·北京·

内 容 提 要

C 语言作为计算机编程语言的基石之一，不仅广泛应用于各种软件开发，还因其简洁明了、结构严谨的特点，成为众多初学者的首选语言。本书面向初学者开发，重点培养学习者的程序逻辑与思维能力。

本书共分 9 个模块：C 语言概述、顺序结构程序设计、选择结构程序设计、循环结构程序设计、数组、指针、结构体、函数、文件，内容涵盖 C 语言的基本语法和核心内容。

本书以问题导向、任务驱动，所有知识点围绕模块任务展开，项目任务贯穿全书，物联网小任务让学习者充分感受 C 语言的魅力。

本书配套资源丰富，包括电子教案、教学视频、源代码、课后习题及答案等。

本书可作为高职院校计算机及相关专业程序设计基础课程的教材，也可供初学者自学计算机编程参考。

图书在版编目（CIP）数据

程序思维与 C 语言实现 / 张祎，王俊海，吕波主编.

北京：中国水利水电出版社，2024.9. -- ISBN 978-7 -5226-2712-0

Ⅰ. TP312.8

中国国家版本馆 CIP 数据核字第 202433E0W4 号

策划编辑：寇文杰　　责任编辑：鞠向超　　加工编辑：张玉玲　　封面设计：苏敏

书　　名	程序思维与 C 语言实现 CHENGXU SIWEI YU C YUYAN SHIXIAN
作　　者	主编　张　祎　王俊海　吕　波 副主编　屈　晶　梁　宇　刘盈江　宁广健 　　　　张梦军　彭　飞　赵牟兵
出版发行	中国水利水电出版社 （北京市海淀区玉渊潭南路 1 号 D 座　100038） 网址：www.waterpub.com.cn E-mail: mchannel@263.net（答疑） 　　　　sales@mwr.gov.cn 电话：（010）68545888（营销中心）、82562819（组稿）
经　　售	北京科水图书销售有限公司 电话：（010）68545874、63202643 全国各地新华书店和相关出版物销售网点
排　　版	北京万水电子信息有限公司
印　　刷	三河市德贤弘印务有限公司
规　　格	184mm×260mm　16 开本　15.75 印张　383 千字
版　　次	2024 年 9 月第 1 版　2024 年 9 月第 1 次印刷
印　　数	0001—3000 册
定　　价	52.00 元

前　言

在科技飞速发展的今天，C 语言依然以其独特的魅力和重要性屹立于编程语言之林，而创新的编程逻辑思维更是开启 C 语言广阔天地的关键钥匙。我们深知，传统的教学模式已难以满足当今学习者对深入理解和灵活应用的渴望。本书旨在为读者呈现独特的 C 语言学习视角，着力于创新编程逻辑思维的培养与激发，不仅学习 C 语言的语法和规则，更将深入探索如何以创新的思维方式来运用这些知识，带领学习者打破常规，从不同角度思考问题，挖掘 C 语言的无限潜力。

本书强调理论与实践的完美融合，鼓励学习者在实践中培养创新编程思维和解决应用问题的能力，在挑战中不断突破自我。同时，引入相关的技术理念和行业动态，让我们的学习始终与时代同步。精心设计的案例和项目，让学习者亲身体验创新逻辑思维带来的奇妙变化。从简单的程序设计到复杂的系统构建，创新采用"横向任务、纵向项目"的模式，将 C 语言的学习分成 9 个模块，模块内融合多个任务，每个任务都按任务导语、任务单、知识导入、任务实现、任务拓展、任务评价、总结与思考 7 个方面以问题导向、任务驱动的方式，让学习者在享受学习乐趣的同时，加深对知识和应用技能的掌握；模块间通过"学生成绩管理系统"项目案例进行贯穿，每个模块的项目任务都围绕项目实现的过程，由简到繁、由易到难、由局部到整体，层层递进，引导学习者在完成整个项目的设计与开发的同时，感受到开发的乐趣。

而生硬的控制台输出方式让学习者无法感受到 C 语言的强大应用和理解程序设计思维的美妙之处，为了让学习者深刻体验"所见即所得"的编程效果，本书在内容和案例选择上结合物联网硬件控制特色应用，在重点知识模块（顺序结构、选择结构、循环结构、数组）中设计了"物联网应用中的 C 程序"项目任务，通过简单但有趣的物联网小任务让学习者能直观感受到程序对硬件的控制，同时加深对知识点的理解和掌握，激发学习兴趣，也为后续课程的学习奠定了坚实基础。

本书坚持以"立德树人"作为教育的根本任务，将价值塑造、知识传授和能力培养三者融为一体，每个模块都设计了与知识点相关的思政小故事、行业小故事，培养学生的职业素养和工匠精神，帮助学生塑造正确的世界观、人生观和价值观。

本书由张祎、王俊海、吕波任主编，屈晶、梁宇、刘盈江、宁广健、张梦军、彭飞、赵牟兵任副主编，具体编写分工如下：王俊海编写模块 1，屈晶编写模块 2，梁宇编写模块 3，刘盈江编写模块 4，宁广健编写模块 5，张梦军编写模块 6，彭飞编写模块 7，张祎编写模块 8，赵牟兵编写模块 9。吕波负责本书主审工作，张祎负责全书审定和统稿工作，高永平、姜庆、何敏、李琳、陈香参与本书部分编写和资源建设工作。

最后，感谢您选择本书来开启创新设计思维和程序设计基础的大门，但由于时间仓促及编者水平有限，书中难免有不妥甚至错误之处，恳请各位专家和读者朋友提出宝贵意见和建议。

编者
2024 年 5 月于四川雅安

目　　录

模块 1　C 语言概述

知识目标

- 了解程序和软件之间的关系。
- 了解计算机语言的发展和分类。
- 掌握算法的作用和程序流程图的画法。
- 熟练掌握 C 程序的基本结构和执行过程。
- 熟悉 Codeblocks 开发工具。
- 掌握软件系统功能分析的流程。

模块导读

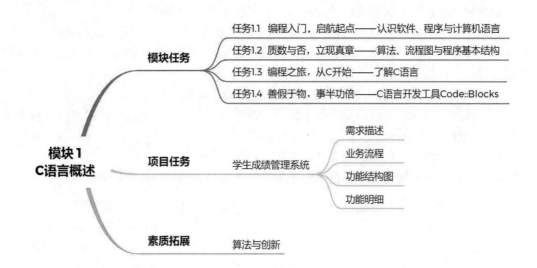

任务 1.1　编程入门，启航起点——认识软件、程序与计算机语言

📁**任务导语**

我们每天都会和手机、平板、计算机等电子产品打交道，用软件进行学习、交流、购物、出行、游戏……可什么是软件，它又由什么组成呢？看看我们的任务吧！

📁 **任务单**

任务名称	编程入门，启航起点		任务编号	1-1
任务描述	从常用的应用软件出发，深入挖掘其内在本质，展现它的组成部分——程序、逻辑和文档；进一步思考软件程序是如何编写出来的？计算机是如何理解程序的？带着问题一步步认识计算机语言			
任务目标	1. 了解常用的软件及软件的组成要素 2. 理解程序和软件之间的关系 3. 了解计算机语言的分类及特点			

📁 **知识导入**

认识软件、程序
与计算机语言

一、认识软件

什么是软件？软件是计算机系统中用于实现特定功能的程序和相关数据的集合。

一个完整的计算机系统（包含手机等移动产品）是由硬件和软件两部分组成的，两者互相配合，缺一不可，共同实现计算机的功能。计算机中的有形部分称为硬件，由各种电子元件和物理装备组成，是计算机运行的物质基础。软件是一系列按照特定顺序组织的计算机数据和指令，用于实现特定的功能，是计算机中的非有形部分。

我们的生活与软件息息相关，办公软件可以帮助我们进行文字处理、表格制作等工作；互联网软件让我们能够在网上进行社交、购物等活动；多媒体软件则提供了丰富的娱乐和学习资源……，那软件由什么组成呢？

一种通用的定义方式为：软件=程序+数据+文档，如图 1-1 所示。

● 程序：用编程语言编写的指令集合，按指定要求完成既定操作，以实现各种逻辑功能。

● 数据：程序处理的各种文字、字符、图形、图像等。

● 文档：各种描述资料，包括但不限于开发文档、使用操作文档等。

程序（program）　　　　　数据（data）　　　　　文档（document）

图 1-1　软件的组成

二、认识程序

就像菜谱告诉我们如何做出一道美味的菜肴一样，程序告诉计算机如何完成一项任务。程序可以看作是一系列指令的集合，这些指令告诉计算机该做什么。

　　程序是用计算机语言编写的,它包含了算法、数据结构和逻辑等元素。程序员通过编写程序来实现各种功能,如计算数学问题、处理数据、运行游戏等。

　　程序可以在计算机上运行,计算机会按照程序中的指令一步一步地执行操作。程序的执行过程可能会涉及数据的输入、处理和输出,以及可能的错误处理和异常情况。

　　编写程序就是使用某种程序设计语言编写程序代码,并最终执行得到结果的过程,简称为编程,它在现实生活中的应用场景非常广泛:

- 网站开发:编程可用于创建各种类型的网站,包括静态网站、动态网站和电子商务网站等。
- 应用程序开发:编程可用于开发各种类型的应用程序,包括桌面应用程序、移动应用程序和游戏等。
- 自动化:编程可用于自动化各种重复性的任务,如数据输入、文件处理、邮件发送等,提高工作效率和减少错误。
- 智能手机和网络应用程序:当我们使用智能手机和网络应用程序时,我们与程序交互的结果可能存储在云端数据库中,并且通过算法处理了我们想要的结果。
- 游戏设计和开发:游戏设计师和开发人员利用编程来创建虚拟世界,包括其外观、声音、行为和物理等。
- 网络安全:通过编程可以实现防火墙、入侵检测、数据加密等技术,以保护我们的网上隐私和关键信息。
- 数据处理和分析:数据是一项非常重要的资源,每天都在不断增长,编程可以用于数据处理和分析,例如通过编写程序来处理海量数据、提取有用信息、进行数据可视化等。
- 智能家居和物联网设备:随着物联网技术的发展,我们可以将家用电器、电子设备和智能手机连成一个统一的系统,编程可以实现智能家居和物联网设备的控制与管理。
- 人工智能和机器学习:人工智能和机器学习是当前非常热门的技术领域,而编程是实现这些技术的基础,通过编程可以实现各种人工智能和机器学习的算法和应用,如智能语音识别、图像识别、自然语言处理等。

三、认识计算机语言

　　计算机语言(Computer Language)也称为计算机编程语言(Programming Language),是指用于与计算机硬件或软件进行交互、表达和控制计算机功能和操作的专门语言,是我们和计算机沟通的桥梁。

　　下面来了解一下计算机语言的分类情况。

- 机器语言:这是最早的计算机语言,通常用二进制代码来表示,是一种低级语言,计算机可以直接识别和执行,但对于人类来说难以理解和编写。
- 汇编语言:一种低级语言,它用助记符(mnemonic)来代替机器语言中的二进制代码。汇编语言比机器语言容易理解和编写,但它需要汇编转换成机器语言后才能由计算机执行。
- 高级语言:一类更易于人类理解和编写的语言,如 C、C++、Java、Python、JavaScript

等。高级语言必须被编译或解释成机器语言才能被计算机执行。

大部分用户都是用高级语言来编写程序，每种语言都有其特定的用途和优势。例如，C 语言更适合用于编写系统软件和操作系统，Python 语言适用于数据科学，而 Java 语言比较适合用于 Web 开发，C#语言更适合进行应用程序开发等。

高级语言编写的程序不能直接被计算机识别，必须经过转换才能被执行，按转换方式可将它们分为以下两类（图 1-2）：

● 编译类（Compile）。编译是指在应用源程序执行之前就将程序源代码"翻译"成目标代码（机器语言），因此其目标程序可以脱离其语言环境独立执行（编译后生成的可执行文件是 CPU 可以理解的二进制机器码），使用比较方便、效率较高，但缺点是依赖编译器、跨平台性较差。此类语言较流行的有 C、C++、C#、Objective-C 等。

● 解释类（Interpreted）。解释执行方式类似于我们日常生活中的"同声翻译"，应用程序源代码一边由相应语言的解释器"翻译"成目标代码（机器语言），一边执行，因此效率比较低，而且不能生成可独立执行的可执行文件，应用程序不能脱离解释器（如同跟外国人说话，必须有翻译在场），但这种方式比较灵活，可以动态地调整、修改应用程序。此类语言较流行的有 Python、Java、PHP、Ruby 等。

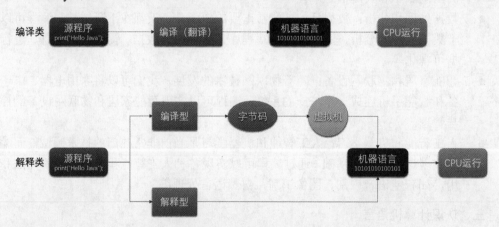

图 1-2　编译型和解释型高级语言的执行过程

任务实现

任务名称	编程入门，启航起点	任务编号	1-1
任务分析	从最常见的应用软件出发分析软件的本质就是程序+数据+文档，再讨论程序是什么、如何编程、计算机如何识别程序等，从而引出计算机编程语言		
知识总结	1. 软件 软件是一系列按照特定顺序组织的计算机数据和指令的集合。它通常被划分为系统软件、应用软件和介于这两者之间的中间件。软件不仅包括可以在计算机（这里的计算机是广义的概念）上运行的计算机程序，与这些计算机程序相关的文档一般也被认为是软件的一部分。简而言之，软件是程序、数据和文档的结合体。		

知识总结	2．程序 程序是一种由一组计算机能识别和执行的指令构成的集合，这些指令运行于电子计算机上，旨在满足人们的某种需求。计算机程序通常以某种程序设计语言编写，并在特定的目标结构体系上运行。可以将其视为以特定语言编写的文章，需要懂得这种语言的人（即编译器）以及能够阅读这种文章的人（即结构体系）来阅读、理解和执行。 3．计算机语言 计算机语言是用于人与计算机之间通信的语言，是人与计算机之间传递信息的媒介。为了使计算机进行各种工作，就需要有一套用以编写计算机程序的数字、字符和语法规则，由这些字符和语法规则组成计算机的各种指令（或各种语句）。这些指令就是计算机能接受的语言。

📂 任务拓展

任务 名称	认识常用的编程语言	任务编号	1-2
任务 描述	查阅资料，了解常用的编程语言有哪些，以及各自的特点和使用领域	任务讲解	认识常用的 编程语言
任务 分析	1．使用常用的搜索引擎搜索"编程语言"，深入了解更多编程语言的知识 2．在 https://www.tiobe.com/tiobe-index/网站中查询最新的编程语言排行榜		
参考 资料	1．常用的编程语言 如今，信息技术几乎已进入每个行业。无论是无人驾驶汽车，还是家里的人工智能语音音箱，而这些技术的实现都离不开编程语言。据不完全统计，目前技术领域中有 600 多种编程语言，让人眼花缭乱，每种语言都有其特色，我们仅从市场占有率角度进行阐述。 "2021 年 11 月，Java 和 C 语言 20 多年以来的长期霸权已经结束，打败他们的是 Python，恭喜 Guidovan Rossum" ——TIOBE 软件公司首席执行官 Paul Jansen。下图是 TIOBE 上市场占有率排名前十的编程语言（截至 2024 年 3 月）。 2．常用编程语言的特点 下表列出了常见的计算机编程语言及其特点和应用领域。		

Mar 2024	Mar 2023	Change	Programming Language	Ratings	Change
1	1		Python	15.63%	+0.80%
2	2		C	11.17%	-3.56%
3	4		C++	10.70%	-2.59%
4	3		Java	8.95%	-4.61%
5	5		C#	7.54%	+0.37%
6	7		JavaScript	3.38%	+1.21%
7	7		SQL	1.82%	-0.04%
8	10		Go	1.56%	+0.32%
9	14		Scratch	1.46%	+0.45%
10	6		Visual Basic	1.42%	-3.33%

排名	名称	出生日期	所属公司	特点	是否开源	应用领域	应用举例
1	Python	20 世纪 90 年代	Google	简单、易学、易读、易维护、可移植、面向对象和过程	是	科学计算、大数据、人工智能	EVE（星夜前战）游戏
2	C	1972 年	国际标准	广泛、简洁、结构完善、面向过程	是	系统软件开发、嵌入式、游戏	UNIX、Windows、Linux 操作系统，NySQL 数据库
3	C++	1979 年	国际标准	数据隐藏、继承和重用、多态性	是	底层、游戏、应用程序	操作系统、各种游戏
4	Java	1995 年	Oracle	简单、分布式、稳健、安全、可移植、动态、面向对象	是	网站开发、游戏、大数据、Android-App	我的世界游戏、淘宝、京东
5	C#	2000 年	Microsoft	安全、稳定、简单、面向对象	否	应用程序、网站开发	唯品会、携程、顺丰、MySpace
6	JavaScript	1995 年	Oracle	面向对象、脚本语言、简单、动态、跨平台	是	网站开发（前后端）、移动开发	凡涉及网页的项目都离不开
7	SQL	1974 年	国际标准	风格统一、面向集合、语言简洁、易学易用	是	关系型数据库	凡涉及数据存储的项目都离不开
8	Go	2009 年	Google	简洁易学、高效性能、并发支持、跨平台、强大的标准库	是	云计算、网络编程、分布式系统、数据库、人工智能和机器学习、Web 开发、游戏开发、网络安全	Docker、腾讯的蓝鲸（Tencent BlueKing）
9	Scratch	2007 年	麻省理工学院	编程简单、强交互性、随时调整、随时分享	是	青少年设计的图形化编程	ScratchUp
10	Visual Basic	1991 年	Microsoft	可视化、事件驱动、ActiveX 技术	否	应用程序、网站开发、插件	VBA

（参考资料）

📂任务评价

任务编号	任务实现		代码规范性	综合素养
	任务点	评分		
1-1	了解软件的定义，深入理解软件的三要素			
	理解程序的本质			
	了解计算机语言的分类，能说出常用的计算机语言及其所属的类别			
1-2	能使用网络工具查阅资料获取帮助			
	深入了解常用的计算机语言			
	了解常用计算机语言的特点			

填表说明：
1. 任务实现中每个任务点评分为 0～100。
2. 代码规范性评价标准为 A、B、C、D、E，对应优、良、中、及格和不及格。
3. 综合素养包括学习态度、学习能力、沟通能力、团队协作等，评价标准为 A、B、C、D、E，对应优、良、中、及格和不及格。

📂 **总结与思考**

_____

_____

_____

任务 1.2　质数与否，立现真章——算法、流程图与程序基本结构

📂 **任务导语**

　　著名哥德巴赫猜想的现代版本为：任何一个大于 2 的偶数都可写成两个质数之和。我们无法证明哥德巴赫猜想，但可以试着判断任意一个大于 2 的正整数是否为质数。来看看我们的任务吧！

📂 **任务单**

任务名称	质数与否，立现真章	任务编号	1-3
任务描述	用程序流程图描述"任意输入一个大于 2 的正整数，判断它是否为质数"问题的算法		
任务目标	1．理解算法的基本概念 2．具备解决现实问题的逻辑思维能力 3．掌握程序流程图的绘制方法 4．了解程序的基本结构		

📂 **知识导入**

一、算法的定义

　　程序是为了实现特定目标而设计的一系列指令的集合。它可以被计算机执行，以完成指定的任务。这里的"任务"就是要解决的问题，而解决问题的方法和步骤就是算法。

算法、流程图
与程序基本结构

　　比如，"怎么才能把大象装进冰箱？"这是一个耳熟能详的段子，大部分人都知道这个脑筋急转弯问题的答案：

　　第一步：打开冰箱门。

　　第二步：把大象塞进冰箱。

　　第三步：关上冰箱门。

　　以上步骤其实描述的就是算法。算法就是解决特定问题或完成特定任务的一系列步骤和规则的描述，它是程序的灵魂。算法具有以下特征：

- 有穷性：指令或步骤是有限的，并在有效的时间内完成。
- 明确性：每条指令清晰无歧义。

- 输入：有零个或多个输入值。
- 输出：有一个或多个输出值。
- 有效性：每个步骤是正确可行的，并得到确定的结果。

二、算法的表示

算法设计者必须将自己设计的算法清楚、正确地按步骤记录下来，这个过程就叫描述算法。表示一个算法可以用不同的方法，主要有以下几种：

- 自然语言。使用人们日常使用的语言来描述算法。这种方法通俗易懂，但可能会产生歧义，且对于包含选择和循环的复杂算法，描述可能会显得烦琐和冗长。

示例 1-1：用自然语言描述"任意输入三个数，求这三个数中的最大数"。

第一步：定义四个变量（变量的含义详见模块 2），分别为 x、y、z、max。

第二步：输入大小不同的三个数，分别赋给 x、y、z。

第三步：判断 x 是否大于 y，如果大于，则将 x 的值赋给 max，否则将 y 的值赋给 max。

第四步：判断 max 是否小于 z，如果小于，则将 z 的值赋给 max。

第五步：将 max 的值输出。

- 伪代码。伪代码是一种介于自然语言和计算机语言之间的算法描述方式。它旨在明确表达算法的逻辑，而不需要了解任何特定的计算机语言。伪代码通常比自然语言更简洁、更易于理解。

示例 1-2：用伪代码描述"任意输入三个数，求这三个数中的最大数"。

```
开始
声明四个变量 x,y,z,max
x=值 1,y=值 2,z=值 3
如果 x>y
    max=x
否则
    max=y
如果 max<z
    max=z
输出 max
结束
```

- 流程图。流程图是一种图形化的算法表示方法，通过图形和箭头来表示算法的步骤和流程。它可以直观地展示算法的结构和处理内容，有助于理解算法的执行过程。

程序流程图作为算法的一种图形化表示方法，直观形象，能清晰地反映出各个模块之间的逻辑关系，能够帮助开发人员更好地理解和设计程序。

程序流程图中常见的符号见表 1-1。

表 1-1　程序流程图中常见的符号

符号	名称	用途
（　　）	起止框	表示程序的开始或结束
〔　　〕	执行框	操作处理，表示具体计算或处理操作

续表

符号	名称	用途
▱	输入/输出框	输入或输出数据
◇	判断框	判断或分支
⟶	流程线	程序执行的方向或顺序

　　流程图作为一种图形化的程序分析工具，具有直观易懂、便于沟通等优点，有助于开发人员理解和分析程序的逻辑。当然，它也存在一些缺点，如复杂问题篇幅过长、难以表示复杂逻辑等，但作为初学者，掌握使用流程图描述算法是我们的必备技能。

　　示例 1-3：用流程图描述"任意输入三个数，求这三个数中的最大数"的算法，如图 1-3 所示。

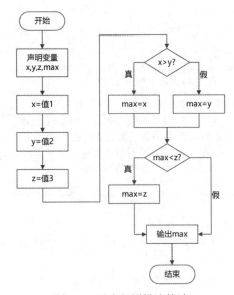

图 1-3　用流程图描述算法

三、C 程序的基本结构

　　C 语言是一种面向过程的语言，按模块化的方式组织程序，易于调试和维护。C 语言也是一种结构化的程序设计语言，它包含三大基本结构：顺序结构、选择结构和循环结构，如图 1-4 所示。

- 顺序结构。顺序结构是最简单、最基础的一种程序结构，它按照代码的编写顺序依次执行。
- 选择结构。选择结构又称为分支结构，它根据某个条件或判断的结果决定执行哪一个分支的流程。选择结构包含多个可能的执行路径，每个路径对应一个或多个操作。在执行过程中，根据条件判断的结果选择相应的路径执行。需要说明的是，选择结构在 C 语言中有多种实现方法，包括单分支结构、双分支结构和多分支结构。

● 循环结构：循环结构允许流程中的某个部分重复执行，直到条件不再满足为止。在循环结构中包含一条或多条需要重复执行的语句，这些语句在满足条件的情况下会重复执行，直到条件不再满足为止。

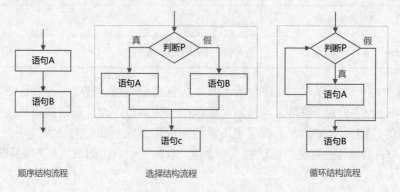

图 1-4　C 程序的基本结构

任务实现

任务名称	质数与否，立现真章		任务编号	1-3
任务分析	判断一个正整数是否为质数的方法：设这个数为 n，用 n 依次除以 2，3，4，…，n-1，如果其中有一个数能被整除则证明此数为质数，否则不是质数。本任务用到顺序结构，用于定义和对 n 赋值；用到循环结构，用于依次除以 2，3，4，…，n-1；用到选择结构，用于输出是否为质数		任务讲解	判断质数
参考流程图	开始 → 输入n的值 → i=2 → i<n? （假→输出n是质数；真→n%i=0? （真→输出n不是质数；假→i的值加1）） → 结束			

📂 任务拓展

任务名称	找出全班最高分		任务编号	1-4
任务描述	用程序流程图表示"找出全班 35 名同学 'C 语言程序设计'课程成绩的最高分"问题的算法		任务讲解	求最大值
任务提示	1．35 名同学的成绩存放在数组 a 中（数组 a 有 35 个元素，数组元素的通用表示方法为 a[i]，其中 i 为数组下标，i 的取值范围为[0-34]。35 名同学的成绩分别对应 a[0]，a[1]，a[2]，…，a[34]） 2．假设最高分为 a[0]，即第 1 位同学的成绩，并保存在 max 中 3．依次把 max 和第 a[2]，a[3]，a[4]，…，a[34]中的值比较，如果发现 max 比 a[i]小，就将 a[i]的值赋给 max，直到所有的元素比较完成 4．输出 max 的值，即为最高分			
参考流程图				

📁 **任务评价**

任务编号	任务实现		代码规范性	综合素养
	任务点	评分		
1-3	能正确使用流程图符号			
	算法思路清晰			
	流程图表示算法过程正确			
1-4	能正确地使用流程图符号			
	能使用判断框比较数的大小			
	流程图中体现 35 名同学成绩的依次循环比较			
	流程图表示算法过程正确			

填表说明:
1. 任务实现中每个任务点评分为 0~100。
2. 代码规范性评价标准为 A、B、C、D、E,对应优、良、中、及格和不及格。
3. 综合素养包括学习态度、学习能力、沟通能力、团队协作等,评价标准为 A、B、C、D、E,对应优、良、中、及格和不及格。

📁 **总结与思考**

_____

_____

_____

任务 1.3 编程之旅,从 C 开始——了解 C 语言

📁 **任务导语**

通过前面的任务我们已经能够用流程图描述算法了,离实现算法就只差一门计算机语言了!我们选择了 C 语言作为学习编程的好搭档,先从了解 C 语言开始,看看我们的任务吧!

📁 **任务单**

任务名称	编程之旅,从 C 开始	任务编号	1-5
任务描述	编写我们的第一个 C 程序"Hello World!"	任务效果	Hello World!
任务目标	1. 了解 C 语言的发展历史 2. 深入理解 C 语言的特点 3. 了解 C 程序的基本结构		

了解 C 语言

📁 知识导入

一、C 语言的发展

C 语言是一种广泛使用的计算机编程语言，它是一种通用的高级语言，可以用于开发操作系统，编写应用程序和嵌入式系统。C 语言是当代最优秀的程序设计语言之一，它从诞生至今都活跃于世界编程语言江湖中且经久不衰。C 语言发展历史中的重要事件如图 1-5 所示。

图 1-5　C 语言的发展历史

二、C 语言的特点

C 语言最初被设计用于编写系统软件，如编译器和操作系统，但随着时间的推移，它已经成为许多其他领域的主要编程语言，包括硬件驱动、网络通信、图形界面开发等，具有简洁性、灵活性和可移植性等众多特点。

- 高效简洁：C 语言的语法相对简单、直接，避免了不必要的开销；允许直接操作硬件，能够高效地管理内存和资源；生成的可执行文件较小，占用内存少；编译速度快，提高开发效率；提供了对内存的精细控制，具备高效的内存管理机制。
- 可移植性好：C 语言的标准化使得不同编译器之间的行为表现基本一致，这大大提高了移植程序的效率和可靠性，同时 C 语言的底层接口能够充分利用不同操作系统和硬件平台的特性，并且使用适当的编译选项可以在不同平台上进行编译和运行。
- 底层控制：C 语言允许直接访问物理地址，能进行位操作，能实现汇编语言的大部分功能，可以直接对硬件进行操作，这使得 C 语言在操作系统、编译器、硬件驱动等底层开发领域具有很大的优势。
- 灵活自由：C 语言是一种灵活的编程语言，因为它提供了各种数据类型、操作符和控制结构，可以用来编写各种类型的程序，从简单的小工具到复杂的应用程序都可以使用 C 语言来实现。

三、一个简单的 C 程序

我们从 C 语言开始进入程序的世界，学习 C 语言又必须从认识它的结构开始。下面通过一个简单的程序来看一看 C 程序的基本组成。

程序示例 1-4：编写一个简单的 C 程序，在屏幕显示"C,I am coming！"。

```c
#include <stdio.h>
int main()
{
    printf("C,I am coming!");      //在屏幕上显示要输出的内容
    return 0;                      //函数返回值为 0
}
```

运行程序，显示结果如图 1-6 所示。

```
C,I am coming!
```

图 1-6　程序示例 1-4 的执行结果

我们通过对上面的代码进行分析来认识 C 程序的结构。

- #include。C 语言中以#开头的语句称为预处理语句，用于在编译之前先对命令进行处理。#include 是文件包含命令，#include <stdio.h>告诉 C 编译器在编译之前要将 stdio.h 头文件的内容包含到当前程序中。C 语言自身没有输入/输出语句，程序的输入/输出是通过函数来实现的，而输入/输出函数的定义包含在头文件 stdio.h 中。

- int main()与 return 0。一个 C 程序可以由一个或多个函数组成，其中必不可缺的是主函数 main()，它是程序的入口，承担着启动程序的关键任务，每一个 C 语言程序都必须有且仅有一个 main()函数。main()函数前面的 int 表示该函数有一个整型返回值，程序中的 return 0 正是与之对应，表示返回值为 0。如果函数不需要返回值，则可以写为 void main()，也就不需要 return 语句了。

- { }。一个函数中要执行的语句包含在一对{ }中，称为函数体，"{"表示函数的开始，"}"表示函数的结束。

- //。程序中使用注释对代码的功能进行说明，注释语句不会被编译和执行。C 语言中的注释语句有两种类型：单行注释和多行注释。

  单行注释：//注释内容

  多行注释：/*注释内容*/

  千万不要小看了注释的作用：注释是程序员编写代码时的重要工具，可以提高代码的可读性和可维护性，程序往往不是一个人能开发完成的，注释可以在不同的团队成员之间架起沟通的桥梁。

- printf()。C 语言没有输入/输出语句，它的输入与输出是由函数来实现的。printf()是用于控制台输出（显示）的函数，将括号内的数据按指定格式输出。程序中要使用输入/输出函数，必须在程序的前面用#include<stdio.h>这条预处理命令，因为 stdio.h 的文件中包含了 printf()函数的定义。

- ;。C 语言格式书写自由，一行可以包含多条语句，也可以把一条语句写在多行上，每条语句以";"结束。特别需要注意的是，只能使用英文的";"。

📁 任务实现

任务名称	编程之旅，从 C 开始	任务编号	1-5
任务分析	"Hello World" 的意思是 "你好，世界"。这个小程序第一次出现在 Brian Kernighan 和 Dennis M. Ritchie 合著的 *The C Programme Language* 中，是第一个演示程序并被广为流传。每一个初学编程语言的人，就如同来到一个新的世界，用 Hello World 向一个新的代码世界打招呼	任务讲解	 hello world!

参考代码	`#include <stdio.h>`
	`int main()`
	`{`
	`    printf("hello,world!");`
	`    return 0;`
	`}`		

执行结果	`hello,world!`		

📁 任务拓展

任务名称	输出带花边的欢迎文字	任务编号	1-6
任务描述	输出以*号为边界的矩形框，框内显示 "欢迎来到 C 语言的编程世界！"	任务讲解	 欢迎来到 C 语言的编程世界
任务提示	1．程序的主体结构包含在 main() 函数中 2．使用 printf() 函数输出*、空格和文字 3．注意输出中的换行符 "\n"		

参考代码	`#include <stdio.h>`
	`int main()`
	`{`
	`    printf("****************************\n");`
	`    printf("*                          *\n");`
	`    printf("* 欢迎来到 C 语言的编程世界！ *\n");`
	`    printf("*                          *\n");`
	`    printf("****************************\n");`
	`    return 0;`
	`}`		
| 执行结果 | ```
****************************
*                          *
* 欢迎来到C语言的编程世界！ *
*                          *
****************************
``` | | |
```

📁 任务评价

任务编号	任务实现		代码规范性	综合素养
	任务点	评分		
1-5	正确使用#include 命令引入外部文件，有 main()函数			
	没有语法错误			
	能运行并结果正确			
1-6	没有语法错误			
	printf()函数输出格式正确			
	能运行并结果正确			

填表说明：

1. 任务实现中每个任务点评分为 0～100。
2. 代码规范性评价标准为 A、B、C、D、E，对应优、良、中、及格和不及格。
3. 综合素养包括学习态度、学习能力、沟通能力、团队协作等，评价标准为 A、B、C、D、E，对应优、良、中、及格和不及格。

📁 总结与思考

任务 1.4　善假于物，事半功倍——C 语言开发工具 Code::Blocks

📁 任务导语

在前面的任务中我们已经试着编写了简单的 C 语言程序，但这些程序从编写源代码到执行输出结果要经历多少步骤呢？有没有方便的工具让我们一站搞定呢？俗话说"纸上得来终觉浅，绝知此事要躬行"，来看看我们的任务吧！

📁 任务单

任务名称	善假于物，事半功倍	任务编号	1-7
任务描述	选择合适的开发工具，快速高效地编写并执行 C 程序	任务效果	使用 code::blocks 创建并执行程序
任务目标	1. 了解 C 程序的执行过程 2. 了解主流的 C 语言开发工具 3. 掌握 Code::Blocks 的安装方法，了解安装中的细节 4. 熟悉 CodeBlocks 开发工具的使用		

程序的执行过程及
code::blocks 的使用

知识导入

一、C 程序的执行过程

C 语言是一种计算机高级语言，与所有的高级语言一样，C 语言编写
的程序是无法被计算机直接识别并执行的。C 语言程序代码要经过编辑、编译、链接、执
行这四个步骤才能得到执行的结果，图 1-7 展示了一个 C 语言的源程序从编辑到执行的完
整过程。

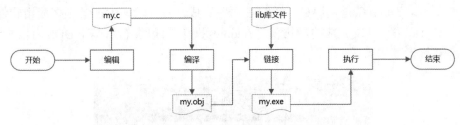

图 1-7　C 程序的执行过程

- 编辑。编辑是指程序员使用文本编辑器编写 C 语言的源代码。在这个阶段，程序
  员编写程序的逻辑、算法和具体实现细节并保存在一个以.c 为后缀的源文件中，
  如图 1-7 中的 my.c。
- 编译。编译是将 C 程序源代码翻译成计算机能够理解的目标代码的过程。编译器
  会对源代码进行词法分析、语法分析、语义分析、优化和代码生成等步骤，最终
  生成一个以.o 或.obj 为后缀的目标文件，如图 1-7 中的 my.obj。
- 链接。链接是将编译生成的目标文件（.o 或.obj 文件）和库文件（.lib 文件）结合
  在一起，生成可执行文件的过程。链接器会解析目标文件之间的引用关系，填充
  地址空间，处理符号重定位等，最终生成一个扩展名为.exe 可执行文件，如图 1-7
  中的 my.exe。
- 执行。将链接后生成的可执行文件加载到内存中，并由操作系统执行。在这个阶
  段，计算机硬件会按照程序的指令序列执行程序，从而实现程序的功能。

二、C 编译器及常用命令

1. 编译器

C 语言的编译和链接需要编译器实现，GNU Compiler Collection（简称 GCC）是由 GNU
开发的编程语言编译器，可以对 C 语言等多种语言进行编译等处理。MinGW 工具集的主要组
成部分就包括 GCC 编译器，因此要编译 C 语言的源程序就需要安装 MinGW 工具集。

2. gcc 的常用命令

（1）编译：gcc -c source.c

（2）链接：gcc source.o -o source

（3）执行：source

说明：source 为 C 语言源程序的主文件名。

三、主流开发工具

"工欲善其事，必先利其器。"如果每个 C 程序都用上面的命令编译执行是非常烦琐且效率低下的，这时就需要借助开发工具方能事半功倍。主流的 C 语言开发工具有很多，这里将介绍几种常用的 C 语言开发工具，并选择一种适合初学者的工具作为本书案例的开发环境。

- Turbo C。Turbo C（简称 TC）是一款古老的 C 语言开发工具，由美国 Borland 公司开发，将程序编辑、编译、链接、运行集于一身，如图 1-8 所示。在 DOS 系统时代，Turbo C 是使用最广泛的 C 语言集成开发环境（IDE）。很多应用软件均是由 Turbo C 开发完成的。但随着 Windows 操作系统的普及，基于 DOS 内核的 Turbo C 渐渐淡出市场。

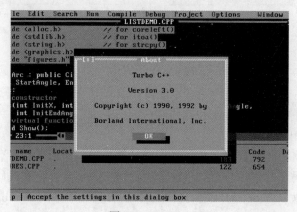

图 1-8　Turbo C

- Visual C++ 6.0。Visual C++ 6.0 简称 VC 或 VC6.0，是微软公司 1998 年推出的一款 C/C++ IDE，界面友好，调试功能强大，如图 1-9 所示。VC6.0 是一款革命性的产品，非常经典，但其在 Windows 7 以后的系统中都存在兼容性问题，已不再流行。

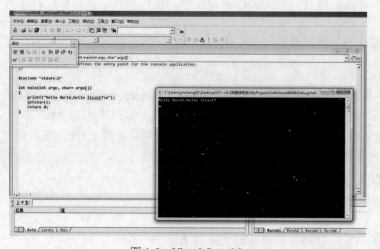

图 1-9　Visual C++ 6.0

● Visual Studio。Microsoft Visual Studio（简称 VS）是微软公司开发的 IDE，是目前非常流行的 Windows 平台应用程序的 IDE，支持 C、C++、C#、ASP.NET 等语言，如图 1-10 所示。一般有三个版本，分别是免费的社区版、收费的专业版和企业版。对于大部分程序开发来说，免费的社区版即可满足需求。

图 1-10　Visual Studio

● Dev C++。Dev C++是一款适合初学者使用的免费开源集成开发环境，优点是体量小、无须安装，打开 dev-C++.exe 即可直接使用，缺点是调试功能弱，如图 1-11 所示。

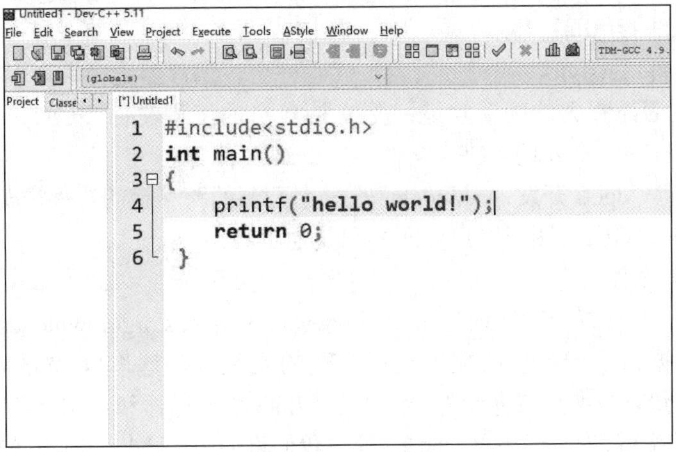

图 1-11　Dev C++

● Code::Blocks。Code::Blocks 是一款免费开源的 C/C++集成开发环境，支持 GCC、MSVC++等多种编译器，并且可以导入 Dev-C++的项目，专为 C、C++和混合编程设计。它提供了许多便利的特性，如代码高亮、自动补全、调试工具等，使编程变得更为高效且易于理解，如图 1-12 所示。

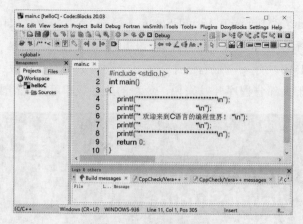

图 1-12   Code::Blocks

四、Code::Blocks 开发工具

Code::Blocks 是一个免费的、跨平台的 C/C++集成开发环境，包含编译、自动代码构建、代码覆盖、分析、调试、代码分析等功能，以卓越的性能、直观的界面（支持拖放操作和选项卡设计）和完全断点支持而广受欢迎。它还具备丰富的插件生态系统，由社区和Code::Blocks 开发团队提供支持。主要特点如下：

- 跨平台：Windows、Linux、MacOS 等都能用。
- 提供了多种工程模板：控制台、DirectX、SmartWin、动态链接库等工程模板。
- 支持语法彩色醒目显示。
- 支持插件：Astyle、代码分析器、代码补全、编译器选择等众多插件。
- 具有灵活而强大的配置功能：除支持自身的工程文件、C/C++文件外，还支持AngelScript、批处理、CSS 文件、Python 文件等。
- 基于 wxWidgets 开发：wxWidgets 是一个开源的跨平台的 C++构架库（framework），可以提供 GUI（图形用户界面）和其他工具。

1. 下载安装文件

Code:Blocks 的官方下载地址为 https://www.codeblocks.org/downloads，目前最新版本是 20.03，可根据自己计算机的配置选择合适的安装包，这里以 Windows10 为例下载Windows 平台的最新安装包。建议选择集成了 MinGW 编译器和调试器的 mingw 的二进制版本，不需要环境配置，安装使用更为简单，这里我们将使用 codeblocks-20.03mingw-setup.exe安装包，如图 1-13 所示。

图 1-13   Code::Blocks 安装包的选择

2. 安装

下载完成后，双击 codeblocks-20.03mingw-setup.exe 安装包进行安装，如图 1-14 所示。

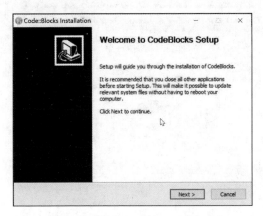

（a）进入欢迎界面，单击 Next 按钮继续

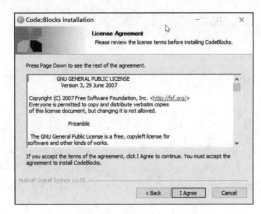

（b）版权许可界面，单击 Agree 按钮继续

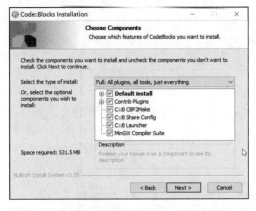

（c）组件选择界面，单击 Next 按钮继续

（d）安装路径选择，单击 Install 按钮继续

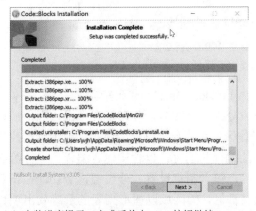

（e）安装进度提示，完成后单击 Next 按钮继续

（f）安装完成界面，单击 Finish 按钮完成安装

图 1-14　Code::Blocks 安装过程

3. Code::Blocks 的启动

安装完成后，双击 Code::Blocks 快捷方式（桌面或"开始"菜单）打开 Code::Blocks

的窗口，第一次启动时会自动检测编译器，单击 OK 按钮启动成功，如图 1-15 所示。

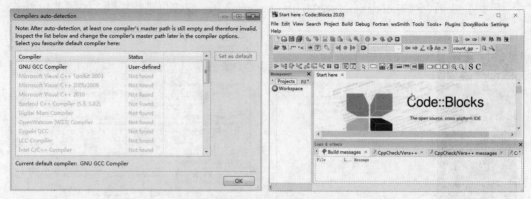

图 1-15   启动 Code::Blocks

4. Code::Blocks 开发环境介绍

Code::Blocks 的工作窗口如图 1-16 所示。

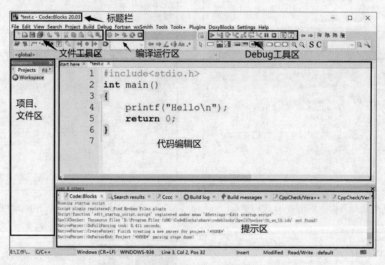

图 1-16   Code::Blocks 工作窗口介绍

窗口分区及功能如下：

- 菜单栏。菜单栏位于标题栏下方，包含了 Code::Blocks 的所有功能。
- 工具栏。工具栏位于菜单栏下方，一般分为三个部分，分别是文件操作区、编译运行区和 Debug 调试工具区。文件操作区包含新建、打开、保存、编辑、查找等功能按钮；编译运行区主要负责程序的编译和运行，包含构建、编译、运行等功能按钮；Debug 工具区负责程序调试等，包含断点设置、分步调试等功能按钮。
- 项目文件区。工具栏下方左侧为项目文件区，此区域以树形列表的形式列出项目或文件，方便用户浏览项目或文件。
- 代码编辑区。项目文件区的右边是代码编辑区，主要用于代码编写和修改。
- 状态提示区。编辑区下方为状态提示区，主要用于显示程序编译和运行中的提示信息，便于开发者查看。

任务实现

任务名称	善假于物，事半功倍	任务编号	1-7
任务分析	启动 Code::Blocks 工具，新建文件，编写代码，编译并执行程序	任务讲解	使用 code::blocks 创建并执行程序
参考过程	1．启动 Code::Blocks 双击桌面上的 Code::Blocks 快捷方式启动 Code::Blocks 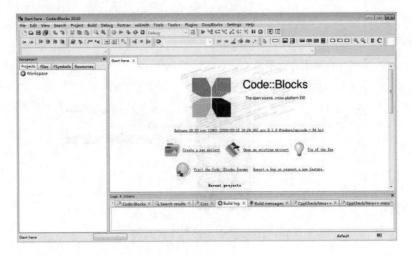 2．新建 C 语言源程序文件 （1）在 File 菜单中选择 New→File，弹出"新建文件"对话框，选择 C/C++source 并单击右侧的 Go 按钮 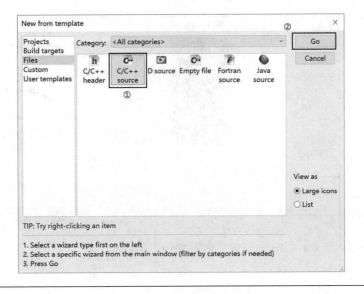		

参考过程	（2）在欢迎页面中单击 Next 按钮继续  （3）选择语言类型为 C 语言  （4）输入文件名及路径 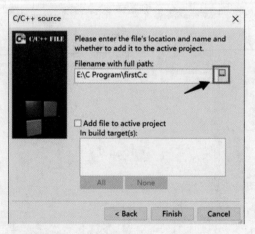 （5）单击 Finish 按钮完成空白源文件的创建 3．编写代码 在代码编辑区中输入程序代码

参考过程	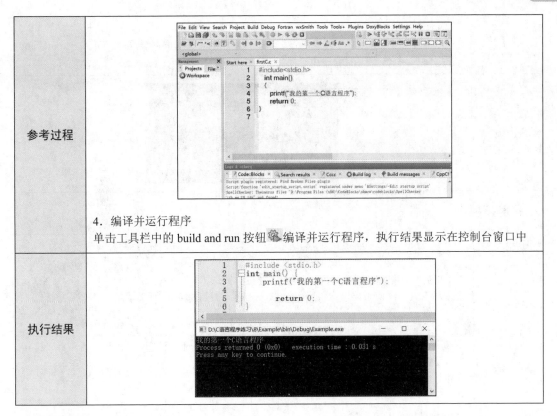
	4. 编译并运行程序 单击工具栏中的 build and run 按钮 编译并运行程序，执行结果显示在控制台窗口中

执行结果	

📂 任务进阶

任务名称	制作自己的身份卡		任务编号	1-8
任务描述	身份卡是一个人的身份名片，包含有照片、姓名、性别、出生日期、家庭住址等信息，要求在屏幕上输出自己的身份卡片	任务讲解		制作自己的身份卡
任务提示	熟悉 Code::Blocks 编程工具，通过 C 语言的 printf()函数打印身份卡的各项信息，深入理解 C 语言的执行过程			
参考操作	1. 启动 Code::Blocks 2. 创建名称为 IDCard.c 的源程序文件 3. 输入程序源代码			

```
ere × IDCard.c ×
 1    //编写程序制作自己的身卡
 2    int main()
 3    {
 4        printf("------------------------------\n");
 5        printf("|         身份卡         |\n");
 6        printf("------------------------------\n");
 7        printf("|--------- 编号: 20241241100     |\n");
 8        printf("||        |姓名: 张三        |\n");
 9        printf("||        |性别: 男         |\n");
10        printf("|| 照片  |出生日期: 2012.10.21  |\n");
11        printf("||        |地址: 成都市郫都区X路   |\n");
12        printf("|         XX小区XX栋XX号     |\n");
13        printf("------------------------------\n");
14        return 0;
15    }
```

	4．编译并执行 单击工具栏中的 build 按钮 ⚙ 进行编译，再单击 run 按钮 ▷ 执行程序（或单击 build and run 按钮 ⚙▷ 进行程序的编译和运行）
执行结果	

📂任务拓展

任务名称	手动执行 C 语言程序		任务编号	1-9
任务描述	为了更好地理解 C 程序的执行过程，本任务将实现不借助开发工具，仅使用记事本+命令的方式完成 C 程序的编写、编译、链接、执行并得到结果	任务讲解	 手动执行 C 程序	
任务提示	1．下载并安装 MinGW 工具，用它包含的 GCC 编译器对 C 程序的源代码进行编译、链接 2．gcc 的常用命令 编译：gcc -c source.c 链接：gcc source.o -o source			
参考过程	1．下载 MinGW 输入网址 https://sourceforge.net/projects/mingw/files/打开下载页面，单击下载按钮开始下载 2．安装 MinGW 双击安装文件 mingw-get-setup.exe，按安装向导提示完成安装（注意：请记住安装路径，用于配置环境变量，本例安装路径为 C:\MinGW） 			

3. 打开命令窗口（右击桌面左下角的"开始"按钮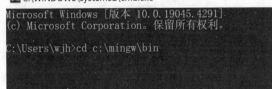→在"开始"菜单中选择"运行"→在输入框中输入 cmd 并回车）→在打开的命令窗口中输入 cd c:\mingw\bin 命令→切换当前目录至安装目录 C:\MinGW\bin 下

```
C:\ C:\WINDOWS\system32\cmd.exe

Microsoft Windows [版本 10.0.19045.4291]
(c) Microsoft Corporation。保留所有权利。

C:\Users\wjh>cd c:\mingw\bin
```

4. 输入命令 mingw-get，弹出 MinGW Installation Manager 窗口，则说明安装成功，关闭弹出框（一定要关闭，否则以下操作无法正常完成），但不要关闭命令窗口

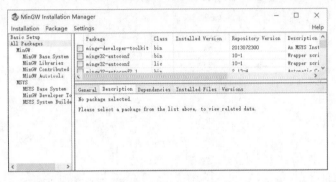

5. 在命令窗口中输入 mingw-get install gcc 并回车，安装 GCC 组件

```
c:\MinGW\bin>mingw-get install gcc
http://prdownloads.sourceforge.net/mingw/gcc-6.3.0-1-mingw32-lic.tar.xz?download
21.26 kB / 21.26 kB                                                  | 100%
http://prdownloads.sourceforge.net/mingw/libiconv-1.14-3-mingw32-dll.tar.lzma?download
676.68 kB / 676.68 kB                                                | 100%
http://prdownloads.sourceforge.net/mingw/pthreads-GC-w32-2.10-mingw32-pre-20160821-1-dll-3.tar.xz?download
42.67 kB / 42.67 kB                                                  | 100%
http://prdownloads.sourceforge.net/mingw/libgcc-6.3.0-1-mingw32-dll-1.tar.xz?download
151.16 kB / 151.16 kB                                                | 100%
http://prdownloads.sourceforge.net/mingw/libintl-0.18.3.2-2-mingw32-dll-8.tar.xz?download
152.81 kB / 152.81 kB                                                | 100%
http://prdownloads.sourceforge.net/mingw/mingwrt-5.0.2-mingw32-dll.tar.xz?download
3.45 kB / 3.45 kB                                                    | 100%
```

6. 在命令行中输入 gcc -v 命令测试是否安装成功，如果出现下图所示的结果则表明安装成功，即可关闭命令窗口

```
c:\MinGW\bin>gcc -v
 specs
COLLECT_GCC=gcc
COLLECT_LTO_WRAPPER=c:/mingw/bin/../libexec/gcc/mingw32/6.3.0/lto-wrapper.exe
mingw32
../src/gcc-6.3.0/configure --build=x86_64-pc-linux-gnu --host=mingw32 --target=mingw32 --wi
ith-mpc=/mingw --with-isl=/mingw --prefix=/mingw --disable-win32-registry --with-arch=i586
languages=c,c++,objc,obj-c++,fortran,ada --with-pkgversion='MinGW.org GCC-6.3.0-1' --enable
ble-threads --with-dwarf2 --disable-sjlj-exceptions --enable-version-specific-runtime-libs
--with-libintl-prefix=/mingw --enable-libstdcxx-debug --enable-libgomp --disable-libvtv --
win32
gcc  6.3.0 (MinGW.org GCC-6.3.0-1)
```

7. 将 C:\mingw\bin 路径添加至系统环境变量（以 Windows10 为例）：

（1）右击"我的电脑"，选择"属性"，在"属性"窗口的右侧选择"高级系统设置"，弹出"系统属性"对话框

（2）在"系统属性"对话框的"高级"选项卡中单击"环境变量"按钮，弹出"环境变量"对话框

参考过程

（3）"系统变量"列表框中选择 Path，然后单击下方的"编辑"按钮

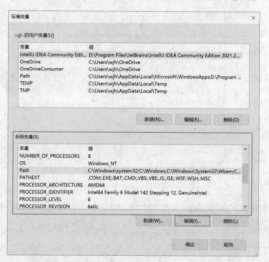

参考过程

（4）在弹出的"编辑环境变量"对话框中单击右侧的"新建"按钮，在最下方的输入栏中输入 C:\mingw\bin，然后单击"确定"按钮，环境变量配置成功。环境变量配置成功后就可以在任意位置使用 GCC 的命令进行编译了

	8. 在记事本中编写以下程序代码并保存在 C 盘下的 test 文件夹下，命名为 compile.c

参考过程	9. 使用 gcc 命令编译 a.c 源程序的执行过程：
	（1）打开命令窗口并切换至 C:\test 路径下（Shift+右击 test 文件夹窗口空白位置）
	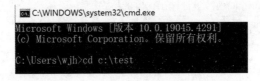
	（2）使用 gcc -c 命令编译源程序：在命令窗口中输入 gcc -c compile.c 并回车，命令执行后 test 文件下生成了一个 compile.o 的编译结果文件

	（3）使用 gcc -o 命令进行链接：在命令窗口中输入 gcc compile.o -o compile 并回车，命令执行后 test 文件夹下生成一个 compile.exe 的可执行文件

	（4）执行程序：命令窗口中输入 compile 并回车，程序执行完成
执行结果	c:\test>compile Hello C Program!

📂任务评价

任务编号	任务实现		代码规范性	综合素养
	任务点	评分		
1-7	启动 Code::Blocks 工具并创建 C 程序源文件			
	正确编写代码			
	编译过程正确			
	执行结果正确			
1-8	创建 C 程序源文件			
	正确使用 printf()函数设计输出内容的格式			
	编译过程正确			
	执行结果正确			
1-9	在文本文档中编写正确的 C 程序代码			
	下载并正确安装 MinGW 编译器，配置环境变量			
	能执行 gcc -c 命令编译源程序			
	能执行 gcc -o 命令进行链接			
	执行.exe 可执行文件并得到正确结果			

填表说明：
1. 任务实现中每个任务点评分为 0～100。
2. 代码规范性评价标准为 A、B、C、D、E，对应优、良、中、及格和不及格。
3. 综合素养包括学习态度、学习能力、沟通能力、团队协作等，评价标准为 A、B、C、D、E，对应优、良、中、及格和不及格。

📂总结与思考

_____

_____

_____

项目任务　学生成绩管理系统：需求分析

📂任务导语

　　同学们准备用 C 语言开发一个简易的学生成绩管理系统，帮助老师管理成绩，计算绩点，方便地进行成绩的增加、删除、修改和查询，同时也为同学们提供成绩的查询服务。那么要完成这个任务我们首先应该做哪些准备呢？

🗁 **任务单**

任务要求	学生成绩管理系统需求分析	任务编号	1-10
任务描述	分析学生成绩管理系统的需求，列出需要实现的功能	任务讲解	学生成绩管理系统
任务目标	描述学生成绩管理系统的功能需求，给出系统功能列表		

🗁 **任务分析**

软件是有生命周期的，如同十月孕期到呱呱坠地的婴儿，再到风烛残年的老人一样。软件生命周期概括为三大阶段六个过程，具体如图 1-17 所示。

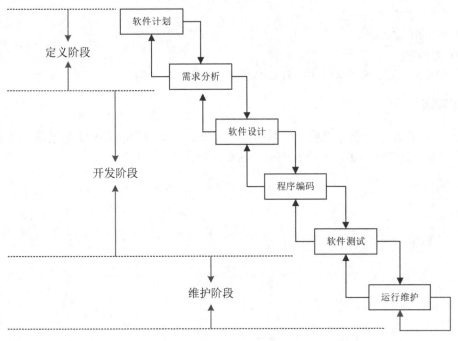

图 1-17　软件系统生命周期

通常软件开发方与需求方共同讨论确定软件的开发目标及其可行性后就要进入需求分析阶段。

需求分析主要是对软件需要实现的各个功能进行详细分析。需求分析是软件定义阶段的重要活动，也是软件生存周期中的一个重要环节，该阶段是分析系统在功能上需要"实现什么"，而不是考虑如何去"实现"。需求分析的目标是把用户对待开发软件提出的"要求"或"需要"进行分析和整理，确认后形成描述完整、清晰、规范的文档，确定软件需要实现哪些功能、完成哪些工作。此外，软件的一些非功能性需求（如软件性能、可靠性、响应时间、可扩展性等）、软件设计的约束条件、运行时与其他软件的关系等也是软件需求分析的目标，但本任务只针对软件的功能需求进行分析。

学生成绩管理系统的使用对象（用户群体）是教师和学生，均须正确输入账号和密码后才能使用，教师用户可以实现学生信息的添加、删除、修改、查询、排序，学生信息包括学号、姓名、课程（本任务仅限于 C 语言、Java、MySQL 三门课，后期可扩展）的成绩，录入完基本信息后，自动计算该生成绩总分、平均分和绩点。学生用户登录后，可以按学号查询各科成绩。

【补充】成绩绩点

绩点：是目前比较通用的评估学习成绩的一种方法，体现了学生的学习水平和状态。绩点的计算方法分以下两种情况：

- 单科绩点：如果本课程成绩低于 60 分则为 0，否则用成绩减去 50 后再除以 10。
- 平均绩点：各科的学分（一般按照 16 课时为 1 学分）×对应的绩点后相加之和再除以学分之和。例如三门课程的学分分别是：C 语言（6）、Java（4）、MySQL（4），对应课程的成绩分别是 78、90、55，则该同学

单科成绩的绩点：

C 语言：(78-50)/10=3.5

Java：(90-50)/10=4

MySQL：0

平均绩点：(6*3.5+4*4+4*0)/(6+4+4)=2.4（保留 1 位小数）

📁 **任务实现**

1. 根据需求分析业务流程。根据描述的内容，用流程图的方式绘制系统业务逻辑，能让用户和开发者更容易理解系统的业务流程，如图 1-18 所示。

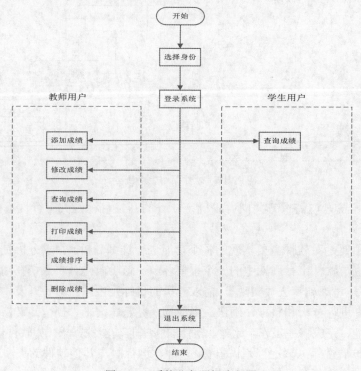

图 1-18　系统业务逻辑流程图

2．系统功能结构，如图 1-19 所示。

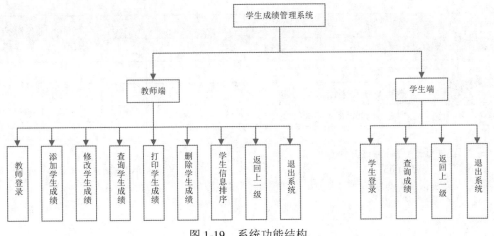

图 1-19　系统功能结构

3．系统功能分析。

从用户的角度对系统功能进行描述，不仅有助于用户理解系统需求，也便于开发者阅读，为后续的系统设计和开发奠定基础。

一、教师用户

1．登录

启动程序后，选择教师身份，输入账号和密码，系统核对成功后方可进行后续操作。

2．添加学生成绩

教师登录后，选择添加学生成绩，分别录入"C 语言"、Java 和 MySQL 三科成绩，录入完成后系统询问是否继续，根据选择继续添加或返回菜单。

3．修改学生成绩

教师登录后，选择修改学生成绩，按提示输入学号，核对成功后依次重新录入三科成绩。

4．查询学生成绩

教师登录后，选择查询学生成绩，按提示输入学号，核对成功后返回该生的基本信息、三科成绩、总分、平均分和绩点。

5．打印学生成绩

教师登录后，选择打印学生成绩，返回所有学生的成绩信息列表。

6．学生信息排序

教师登录后，选择排序学生信息，按学生成绩的降序对学生信息进行排序后输出。

7．删除学生成绩

教师登录后，选择删除学生成绩，按提示输入学号，核对后，先显示该生成绩，再询问是否删除，确认即删除。

8．返回上一级菜单

返回上一级操作，进行选择操作。

9．退出系统

退出当前系统，返回至程序开始界面。

二、学生用户

1．登录

启动程序后，选择学生身份，输入账号和密码，系统核对成功后方可进行后续操作。

2．查询成绩

学生登录成功后，输入学生学号，系统核对成功后列出该生的基本信息和成绩信息。

3．退出系统

退出当前系统，返回至程序开始界面。

📁测试验收单

项目任务	任务实现		代码规范性	综合素养
	任务点	评分		
学生成绩管理系统	用流程图表示系统业务流程			
	画出系统功能结构图			
	对系统功能进行详细描述			

填表说明：

1. 任务实现中每个任务点评分为 0～100。
2. 代码规范性评价标准为 A、B、C、D、E，对应优、良、中、及格和不及格。
3. 综合素养包括学习态度、学习能力、沟通能力、团队协作等，评价标准为 A、B、C、D、E，对应优、良、中、及格和不及格。

📁总结与思考

_____

_____

_____

素质拓展——算法与创新

　　程序的灵魂是算法。李开复在《算法的力量》一文中谈到："算法是计算机科学领域最重要的基石之一。"而创新，则是推动社会进步和发展的重要动力，它涵盖了从新的想法、新的技术到新的商业模式等多个方面。

　　在信息技术领域，算法与创新之间存在着紧密的联系。首先，算法是创新的重要工具。无论是开发新的应用、优化现有系统还是解决复杂问题，算法都发挥着关键作用。通过精心设计的算法，我们可以更高效地处理数据、发现新的规律并提取有价值的信息，从而为创新提供有力支持。例如，在人工智能领域，我们可以利用先进的算法和算法框架来构建智能系统，并通过不断的创新来优化和改进这些系统。这些智能系统可以帮助我们解决许多实际问题，如自动驾驶、医疗诊断、金融分析等。

　　其次，创新也为算法的发展提供了源源不断的动力。随着技术的不断进步和应用的不断拓展，我们面临着越来越多的新问题和新挑战。这些问题和挑战需要我们不断探索新的算法和解决方案，以更好地满足实际需求。例如，在大数据分析领域，为了处理海量的数据并提取有价值的信息，我们需要不断创新算法，提高数据处理的效率和准确性。

　　此外，算法的创新也推动着各行各业的变革。在金融领域，算法交易的创新使得交易更加迅速、准确和高效；在医疗领域，基于算法的图像识别和诊断技术为医生提供了更准确的诊断结果；在交通领域，智能调度算法的优化使得交通更加顺畅和高效。

　　习近平总书记在二十大报告中指出，创新才能把握时代、引领时代，提出了"必须坚持守正创新"的观点，认为守正才能不迷失方向，而创新则是推动社会进步和发展的重要动力。

我们正处在一个快速发展的数字化时代，只有守正创新才能更好地应对各种挑战和机遇，推动科技的进步和社会的发展。同学们，你们准备好了吗？

习 题 1

一、选择题

1．以下语言（　　）不是面向过程的编程语言。

    A．C   B．Java   C．C++   D．Python

2．以下语言（　　）主要用于系统编程和底层开发。

    A．Python   B．C   C．Java   D．Ruby

3．软件是由（　　）组成的。

    A．一个程序   B．多个程序

    C．程序和相关文档   D．程序、数据和文档

4．以下选项中，（　　）是软件的核心。

    A．程序   B．数据   C．用户界面   D．文档

5．以下关于算法的描述中错误的是（　　）。

    A．算法必须有明确的开始和结束   B．算法可以没有输入

    C．算法的每一步必须是可执行的   D．算法必须能在有限的时间内完成

6．下列不属于算法基本特征的是（　　）。

    A．可行性   B．确定性   C．有穷性   D．无限性

7．在程序流程图中，矩形框一般表示（　　）。

    A．处理步骤   B．输入/输出操作

    C．判断条件   D．开始或结束

8．在程序流程图中，箭头表示的是（　　）。

    A．数据流向   B．控制流向   C．逻辑关系   D．关系

9．以下（　　）情况不适合使用程序流程图来表示算法。

    A．简单的顺序执行算法   B．复杂的嵌套循环算法

    C．涉及大量数据结构的算法   D．包含多个嵌套循环的算法

10．在程序流程图中，菱形框通常表示（　　）。

    A．开始或结束   B．计算操作   C．条件判断   D．处理步骤

11．关于程序流程图的作用，以下说法中错误的是（　　）。

    A．帮助理解算法的逻辑   B．便于编写程序代码

    C．可以完全替代伪代码   D．便于理解和交流算法思想

12．在 C 语言中，以下关于 main()函数的描述中错误的是（　　）。

    A．main()函数是程序的入口函数

    B．main()函数可以被其他函数调用

C．main()函数的返回值用来表示程序的退出状态

D．main()函数必须放在程序的开头

13．在 C 语言中，以下（　　）是正确的语句结束标志。

A．;　　　　　　B．}　　　　　　C．)　　　　　　D．\n

14．以下叙述中错误的是（　　）。

A．一个 C 源程序必须包含一个 main()函数

B．一个 C 源程序可由一个或多个函数组成

C．C 程序的基本组成单位是函数

D．在 C 程序中，注释说明只能位于一条语句的后面

15．构成 C 程序的三种基本结构是（　　）。

A．顺序结构、转移结构、递归结构

B．顺序结构、嵌套结构、递归结构

C．顺序结构、选择结构、循环结构

D．转移结构、选择结构、循环结构

16．C 程序从源文件到可执行文件不需要经历的过程是（　　）。

A．预处理　　　　B．编译　　　　C．链接　　　　D．汇编

二、判断题

1．C 语言是一种高级语言。　　　　　　　　　　　　　　　　　（　　）

2．C 语言可以直接对硬件进行操作。　　　　　　　　　　　　（　　）

3．C 语言程序必须经过编译才能运行。　　　　　　　　　　　（　　）

4．在 C 语言中，所有语句都以分号结尾。　　　　　　　　　　（　　）

5．在 C 语言中，所有程序都必须包含顺序结构、选择结构、循环结构三种结构。

（　　）

6．编译过程是将 C 语言源文件转换成目标文件的过程。　　　　（　　）

7．编译过程中，如果发现语法错误，编译器会提示错误信息并停止编译。（　　）

8．算法必须具有明确的输入和输出，并且能够在有限的时间内得到结果。（　　）

9．算法的描述方式可以是自然语言、伪代码、流程图等。　　　（　　）

10．在 Code::Blocks 中，可以通过单击 Run 按钮来编译代码。（　　）

三、算法描述

计算 1+2+3+…+n，假设 n 的值在程序运行时由键盘输入，请用流程图描述该算法。

模块 2　顺序结构程序设计

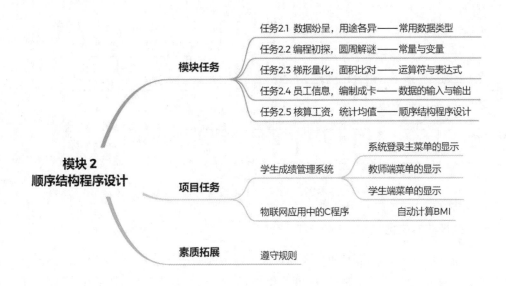

知识目标

- 熟练掌握 C 语言的常用数据类型。
- 熟练掌握 C 语言中的常量与变量。
- 熟练掌握 C 语言中的运算符与表达式。
- 掌握数据类型转换。
- 熟练掌握 C 语言中的数据输入与输出。
- 理解顺序结构程序设计。

模块导读

模块任务
- 任务2.1 数据纷呈，用途各异——常用数据类型
- 任务2.2 编程初探，圆周解谜——常量与变量
- 任务2.3 梯形量化，面积比对——运算符与表达式
- 任务2.4 员工信息，编制成卡——数据的输入与输出
- 任务2.5 核算工资，统计均值——顺序结构程序设计

模块 2 顺序结构程序设计

项目任务
- 学生成绩管理系统
  - 系统登录主菜单的显示
  - 教师端菜单的显示
  - 学生端菜单的显示
- 物联网应用中的C程序
  - 自动计算BMI

素质拓展
- 遵守规则

任务 2.1　数据纷呈，用途各异——常用数据类型

任务导语

在生活中我们经常遇到如 79、3.1416、'A'、"Hello"这样的数据，这些数据的形式不同、长短不一，那么在 C 语言中怎么区分和使用这些数据呢？来看看我们的任务吧！

📁 任务单

任务名称	数据纷呈，用途各异	任务编号	2-1
任务描述	请判断以下三个数据：3.141592、10000、'A'分别为哪种类型的数据，并在屏幕上输出你的判断结果。	任务效果	常用数据类型的辨别与输出
任务目标	1. 掌握整型数据类型 2. 掌握浮点数据类型 3. 掌握字符数据类型		

📁 知识导入

　　程序处理的对象是数据，在编写程序时往往需要对不同类型的数据进行调用和处理。C 语言将所有能够处理的数据分为基本数据类型、指针类型、构造类型和空类型。我们先来学习 C 语言的基本数据类型，如图 2-1 所示。

常用数据类型

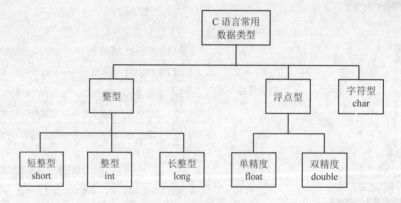

图 2-1　C 语言基本数据类型

一、整型数据类型

　　在 C 语言中，不包含小数的整数都被称为整型，如 1024、0、-123 等。C 语言又将常用的整数分为短整型 short、整型 int 和长整型 long，它们在内存中所占用的存储空间大小及取值范围见表 2-1。

表 2-1　常用整型数据占用空间大小及取值范围

数据类型	类型声明符	占用存储空间	取值范围
短整型	short	2 字节（16 位）	$-32768 \sim 32767$（$-2^{15} \sim 2^{15}-1$）
整型	int	4 字节（32 位）	$-2147483648 \sim 2147483647$（$-2^{31} \sim 2^{31}-1$）
长整型	long	4 字节（32 位）	$-2147483648 \sim 2147483647$（$-2^{31} \sim 2^{31}-1$）

C 语言还可以表示：八进制整数，以 0 开头，如 0123 表示八进制数 123；十六进制整数，以 0X 开头，如 0X2A5 表示十六进制数 2A5。

二、浮点数据类型

浮点类型即为包含小数的数据类型，又称为实数类型，如 102.6、3.141592 等。常用的浮点数据类型又分为单精度浮点类型 float 和双精度浮点类型 double，它们在内存中所占用的存储空间大小及取值范围是不同的，见表 2-2。

表 2-2　浮点类型数据占用空间大小及取值范围

数据类型	类型声明符	占用存储空间	取值范围
单精度浮点型	float	4 字节（32 位）	-1.4E-45～-3.4E+38，1.4E-45～3.4E+38
双精度浮点型	double	8 字节（64 位）	-4.9E-324～-1.7E+308，4.9E-324～1.7E+308

三、字符数据类型

字符数据类型用于表示一个单一字符，包括英文字母、符号、数字等，如'A'、'a'、'@'、'9' 等均属于字符型数据。字符类型用 char 表示，所占的存储空间为 1 字节。

字符类型数据还包括一些无法直接表示的字符，以反斜杠"\"开头，称为转义字符，这些字符具有特殊含义，不再表示原来的字符，如'\n'表示换行符，常用的转义字符及其含义见表 2-3。

表 2-3　常用转义字符

转义字符	含义
\t	制表符
\n	换行符
\r	回车符
\"	双引号
\'	单引号
\\	反斜杠

📂 任务实现

任务名称	数据纷呈，用途各异		任务编号	2-1
任务分析	C 语言中常用的数据类型有三类：整型、浮点型和字符型，我们可对照判断三个数据 3.141592、10000、'A'的类型，参照模块 1 学习的输出语句 printf("Hello world!")将我们的判断结果在屏幕上进行输出		任务讲解	常用数据类型的辨别与输出

| 参考代码 | ```c
#include <stdio.h>        //导入标准输入/输出函数库
int main()
{
    printf("判断结果如下：\n");
    printf("3.141592 为浮点型数据\n");
    printf("10000 为整型数据\n");
    printf("\'A\'为字符型数据\n");
    return 0;
}
``` |
|---|---|
| 执行结果 | 判断结果如下：
3.141592为浮点型数据
10000为整型数据
'A'为字符型数据 |

📂 任务拓展

任务名称	使用 sizeof()函数计算不同数据所占的存储空间		任务编号	2-2
任务描述	使用 sizeof()函数计算 3.141592、10000、字符型等数据所占的存储空间并将结果输出		任务讲解	使用 sizeof()运算符 计算不同数据 所占的存储空间
任务分析	1．每一种数据类型在内存中所占的字节数不相同，在 C 语言中可以使用 sizeof()函数获取各种数据或数据类型在内存中所占的字节数 2．sizeof()函数的基本语法规则如下： 　sizeof(数据类型名称) 或 　sizeof(数据) 3．sizeof()的运算结果是一个整数			
| 参考代码 | ```c
#include <stdio.h>        //导入标准输入/输出函数库
int main()
{
    printf("使用 sizeof()函数判断所占存储空间：\n");
    printf("3.141592 所占存储空间为%d 字节\n",sizeof(3.141592));
    printf("10000 所占存储空间为%d 字节\n",sizeof(10000));
    printf("字符型所占存储空间为%d 字节\n",sizeof(char));
    return 0;
}
``` | | | |
| 执行结果 | 使用sizeof()函数判断所占存储空间：
3.141592所占存储空间为8字节
10000所占存储空间为4字节
字符型所占存储空间为1字节 | | | |

任务评价

任务编号	任务实现		代码规范性	综合素养
	任务点	评分		
2-1	整型数据类型的特点			
	浮点型数据类型的特点			
	字符型数据类型的特点			
2-2	分辨各种数据类型所占的存储空间大小			
	sizeof()函数的使用方法			

填表说明：

1. 任务实现中每个任务点评分为 0～100。
2. 代码规范性评价标准为 A、B、C、D、E，对应优、良、中、及格和不及格。
3. 综合素养包括学习态度、学习能力、沟通能力、团队协作等，评价标准为 A、B、C、D、E，对应优、良、中、及格和不及格。

总结与思考

_____

_____

_____

任务 2.2　编程初探，圆周解谜——常量与变量

任务导语

我们小学时就学会了计算圆的周长，但计算机知道怎么计算吗？在 C 语言中，我们该如何编写程序实现根据圆的半径计算圆的周长呢？来看看我们的任务吧！

任务单

任务名称	编程初探，圆周解谜	任务编号	2-3
任务描述	按照圆的周长计算公式 d=2*π*r（π=3.14，r 表示半径，符号"*"表示乘号），计算半径为 5 的圆的周长	任务效果	计算圆的周长
任务目标	1. 掌握 C 语言常量的概念与使用方法 2. 掌握 C 语言变量的概念与使用方法 3. 理解 C 语言符号常量的使用方法		

常量与变量

知识导入

在程序中，我们会使用一些固定的数值来表示一些特定数据，如圆周率 3.14、商品单价 100、考试等级'A'等，这些数据在程序运行中值是不会发生改变的，这被称为常量。而与之相对应的，在程序运行过程中值可以改变的量被称为变量，比如一个股票交易程序中，股票价格是实时变化的，我们就可以用变量来存储股票价格。

一、常量

常量，是指在程序运行时其值固定不变的量，按存储的数据类型可以分为整型常量、浮点型常量、字符型常量和字符串常量；按表现形式又可以分为直接常量和符号常量。

1. 整型常量

直接表示的整数我们称为整型常量，如 1024、0、-123、024（八进制）、0X6F（十六进制）等。

整型常量默认的数据类型为 int 型，如果在整数后加一个英文字母 L（或 l），则表示该常量类型为 long 型，如 12345L、67891。

2. 浮点型常量

带小数点的数被称为浮点型常量，如 1.0、3.14、0.314E1。

在程序中，浮点型常量可以用以下两种形式来表示：

- 十进制小数形式：如 1.0、3.14、-6.78 等。
- 指数形式：即科学记数法，以字母 e 或 E 表示以 10 为底数的指数，如 0.314E1 表示 0.314×10^1，3.4E+38 表示 3.4×10^{38} 等。

浮点型常量的默认数据类型为 double 类型，如 3.14 默认为 double 类型的常量。也可以在数字后面加字母为它指定类型：数字后加字母 D 或 d 表示声明该数为 double 类型，如 3.14D、75.5d；在数字后加字母 F 或 f 表示该数为 float 类型，如 3.14F、3.14f。

3. 字符型常量

用一对单引号括起来的一个字符称为字符型常量。

字符型常量可分为以下两大类：

- 普通字符：可以从键盘输入的任意可见字符，如'a'、'A'、'8'、'#'等。
- 转义字符：以斜杠"\"开头，如'\n'、'\t'等。

4. 字符串常量

字符串常量是用一对双引号括起来的字符序列，如"abc"、"Hello world!"、"12345"、"*******"。

注意：初学者常常会对字符型常量与字符串常量产生混淆，这里我们对这两种常量进行对比可以看出它们存在两点不同，见表 2-4。

表 2-4　字符型常量与字符串常量对比

常量类型	界定符号	包含字符的个数	数据类型
字符型常量	单引号	1	字符类型
字符串常量	双引号	0 或多个	不属于基本数据类型

5. 符号常量

常量按使用形式又可以分为直接常量和符号常量。直接以数据值表示的常量都是直接常量，如 5、23.6、'N'等。程序中有的常量会被多次使用，为了方便引用和修改，可以用一个符号名称来表示常量，这就是符号常量。符号常量在使用前需要先定义，一般会放在程序开头，其语法格式为：

#define　符号名称　常量值

其中，#define 是宏定义命令，该命令表示用标识符表示的符号名称来表示一个常量值；符号名称由用户按照标识符命名规则命名，习惯上符号常量的名称全部用大写字母表示，尽量做到见名知意，如 PI、PRICE 等。

举例：#define DISCOUNT 0.8

功能：定义符号常量 DISCOUNT 表示商品折扣，其值为 0.8。

使用说明：

（1）在后续的程序中凡是出现 DISCOUNT 的地方均替换为 0.8。

（2）使用符号常量可以避免在程序中出现过多常数，见名知义的常量名更利于读懂程序的含义。同时，如果在程序中需要修改常量值，只需在符号常量定义语句处进行修改，一改全改，更为方便快捷。

（3）符号常量的值在定义后不能被再次赋值。

二、变量

在程序运行过程中，其值可以改变的量被称为变量。变量是内存中分配的一个存储单元，用于存放指定类型的数据。

变量有三个要素：变量名、数据类型和变量值。我们以酒店类比，变量可以看作酒店的房间，变量名是房号，该房间的客人就是变量值，而房型就是变量类型，它决定着房间的大小。

1. 变量名的命名规则

变量名是用一个名字来表示对存储空间值的引用。变量值的引用和修改都是通过变量名实现的。

在 C 语言中，为变量起名需要遵循标识符的命名规则。

● 　只能由字母、数字、下划线这三种字符组成。

● 　第一个字符不能为数字。

● 　变量名要做到见名知意，如 age 表示年龄，name 表示姓名。

● 　不能与关键字同名。

在 C 语言中，关键字是指系统预先定义好并被赋予了特定意义的英文单词，有专门的作用，也被称为保留字。在 C89 标准中定义了 32 个关键字，见表 2-5。

表 2-5　C 语言关键字

关键字类型	关键字				
类型说明关键字	int	long	short	float	double
	char	unsigned	signed	const	void
	volatile	enum	struct	union	

关键字类型	关键字				
语句定义关键字	if	else	goto	switch	case
	do	while	for	continue	break
	return	default	typedef		
存储类说明关键字	auto	register	extern	static	
长度运算符关键字	sizeof				

2. 变量的声明（定义）

格式：数据类型 变量名[=初值][,变量名 2[=初值 2]…];　　//[]表示可选项

功能：声明指定类型的 1 个或多个变量，并可为其赋初值。

举例：

```
int r=1;            //声明一个整型变量 r，初值为 1
double a=3.5,b;     //声明两个 double 类型的变量 a 和 b，a 的初值为 3.5，b 没有赋初值，其值不确定
char c;             //声明字符型变量 c，没有赋初值，其值不确定
```

使用说明：

（1）变量必须遵循先声明（定义）后使用的原则，声明变量的数据类型和变量名。数据类型用于为变量分配内存空间，变量名用于引用变量值。声明完成后，该变量只能存放指定类型的数据。

（2）一次可声明多个相同类型的变量，多个变量之间用逗号分隔。

（3）声明变量的同时可以为变量赋初值（变量值可变，初值为其第一个值），如果没有赋初值，在使用变量之前也必须为其赋值，否则其值不确定。

（4）变量只能声明一次。

3. 变量的使用

变量的使用是通过变量名来实现的，包括赋值、引用值、值的输入与输出等，例如：

```
int a=1,b,c=0;      //声明整型变量 a、b、c，并为 a、c 赋初值
b=2;                //为变量 b 赋值 2
c=a+b;              //重新为 c 赋值，其值为 a 和 b 之和
```

变量重新赋值后，新值替换原有的值，原值不能保存。

接下来我们实际运用一下相关知识。这里以编写一个简单的商品库存查询系统为例，每个品种的商品有商品编号、价格、库存标识三个属性信息需要存储到系统中，这里我们可以根据需要定义三个变量，并对其进行初始化赋值，具体代码如下：

```
int num;            //定义一个 int 型变量用于存储商品编号
float price;        //定义一个 float 型变量用于存储商品价格
char stock;         //定义一个 char 型变量用于存储库存标识
num=1234;           //为 int 型的变量赋值
price=98.5f;        //为 float 型的变量赋值
stock= 'Y';         //为 char 型的变量赋值
```

提示：①编写代码前，应先分析每个数据应该选用哪种与其值相对应的数据类型；②变量在使用前必须先定义。

📁 任务实现

任务名称	编程初探，圆周解谜	任务编号	2-3
任务分析	本任务中定义符号常量 PI 来保存 π，即用 PI 表示圆周率 π 的值 3.14（精度可自由定义），还需要定义两个变量：圆周长 l 和半径 r	任务讲解	（二维码）计算圆的周长
参考代码	```#include <stdio.h>``` `#define PI 3.14`//定义符号常量 PI，其值为 3.14 `int main()` `{` `    float r, l;`//定义变量：r 存储圆半径，l 存储圆周长 `    r=5.0;`//为变量 r 赋值 `    l=2*PI*r;`//根据圆周长公式计算出圆的周长 `    printf("半径为%f 的圆周长为%f",r, l);`//输出计算结果 `    return 0;` `}`		
执行结果	半径为5.000000的圆周长为31.400000		

📁 任务拓展

任务名称	将两个变量的值互换	任务编号	2-4
任务描述	已知两个整型变量：1. 变量 num1 中存放数据 100，变量 2 中存放数据 200　2. 将两个变量的值进行互换	任务讲解	（二维码）将两个变量的值互换
任务提示	两个变量的值互换，需要加入第三个变量作为临时变量。这就好比两个杯子里的水要进行互换，必须有第三个空杯子来进行中转，才能完成互换操作		
参考代码	```#include <stdio.h>``` `int main()` `{` `    int num1,num2;`//需要交换的两个变量 `    int temp;`//临时变量 `    num1=100;` `    num2=200;` `    printf("互换前变量里的值为：\n");` `    printf("num1=%d，num2=%d\n",num1,num2);` `    printf("--------------------------------\n");` `    temp=num1;`//将变量 num1 的值存入临时变量 `    num1=num2;`//将变量 num2 的值存入到变量 num1 中 `    num2=temp;`//将临时变量 temp 中存放的 num1 的值存入 num2 中 `    printf("互换后变量里的值为：\n");` `    printf("num1=%d，num2=%d\n",num1,num2);` `    return 0;` `}`		

执行结果	互换前变量里的值为： num1=100, num2=200 ———————————— 互换后变量里的值为： num1=200, num2=100

📁 任务评价

任务编号	任务实现		评分	代码 规范性	综合 素养
	任务点				
2-3	符号常量的定义与使用				
	变量类型的选择				
	变量的定义与使用				
2-4	定义两个变量并赋初值				
	定义一个临时变量				
	使用临时变量将两个变量中的值进行互换				

填表说明：

1. 任务实现中每个任务点评分为 0～100。
2. 代码规范性评价标准为 A、B、C、D、E，对应优、良、中、及格和不及格。
3. 综合素养包括学习态度、学习能力、沟通能力、团队协作等，评价标准为 A、B、C、D、E，对应优、良、中、及格和不及格。

📁 总结与思考

_____

_____

_____

_____

_____

任务 2.3　梯形量化，面积比对——运算符与表达式

📁 任务导语

　　我们有两个梯形的工具，只知道每个梯形的上底、下底和高，想知道哪个梯形面积更大一些，该怎么办呢，又该如何用 C 语言来完成这个任务呢？来看看我们的任务吧！

📁任务单

任务名称	梯形量化，面积比对		任务编号	2-5
任务描述	已知梯形 1 的上底为 3，下底为 5，高为 4；梯形 2 的上底为 2，下底为 6，高为 3。求两个梯形的面积，并比较找出较大的面积进行输出显示		任务效果	计算并比较梯形面积
任务目标	1. 掌握 C 语言运算符的概念与使用方法 2. 掌握 C 语言表达式的概念与使用方法 3. 理解 C 语言各类运算符的优先级			

📁知识导入

运算符用于操作一个或多个数据进行运算，程序中常用的运算符除了我们熟悉的算术运算符外，还包括了赋值运算符、关系运算符、逻辑运算符、条件运算符等。

被运算符操作的数据称为操作数，使用运算符将操作数连接起来形成的式子称为表达式。

运算符与表达式

不同类型的运算符构成不同类型的表达式，其作用也不同。另外，不同类型的运算符也可以在同一个表达式中进行使用，完成更为复杂的运算。

需要注意的是，计算结果通过表达式返回，任何一个表达式都会返回一个结果值。

一、算术运算符与算术表达式

C 语言中的算术运算符完成的是我们所熟悉的数学运算，C 语言中的算术运算符及算术表达式举例见表 2-6。

表 2-6　算术运算符及算术表达式

运算符	作用	表达式举例	运算结果
+	加法运算	x=6; y=3; z=x+y;	z=9
-	减法运算	x=6; y=3; z=x-y;	z=3
*	乘法运算	x=6; y=3; z=x*y;	z=18
/	除法运算	x=6; y=3; z=x/y;	z=2
%	取模运算（求余数）	x=6; y=3; z=x%y;	z=0
++（前缀）	自增运算（先自增后运算）	x=6; y=++x;	x=7，y=7
--（前缀）	自减运算（先自减后运算）	x=6; y=--x;	x=5，y=5
++（后缀）	自增运算（先运算后自增）	x=6; y=x++;	x=7，y=6
--（后缀）	自减运算（先运算后自减）	x=6; y=x--;	x=5，y=6

使用说明：

（1）在进行算术运算时，遵守"先乘除后加减"的原则，同级别的运算符按由左向右的顺序进行计算。

（2）模运算符%是对两个整数相除后求其余数，因此模运算符两边的操作数必须为整型数据。

（3）++/--运算符是程序语句中特有的，用于对变量的值自加 1（++）或自减 1（--）的运算，如 x++相当于 x=x+1，常用于循环语句。注意这类运算符只能用于变量，不能用于常量，如 x=6;x++;语句是正确的，而语句 6++;则是错误的。同时，初学者还要注意掌握自增或自减运算符在前与在后的区别。

二、关系运算符与关系表达式

关系运算符又被称为比较运算符，它的作用是将符号两边的数据进行比较，比较的结果将是一个逻辑值，结果成立为"真"，不成立为"假"。但在 C 语言中没有逻辑型的数据，因此，计算中"真"由非 0 值来表示，"假"由数字"0"来表示；计算结果为"真"，返回值为 1，"假"的返回值为 0。C 语言中的关系运算符及关系表达式举例见表 2-7。

表 2-7　关系运算符及关系表达式

运算符	作用	表达式举例	运算结果
==	相等	x=6; y=3; x==y;	0（假）
!=	不相等	x=6; y=3; x!=y;	1（真）
>	大于	x=6; y=3; x>y;	1（真）
<	小于	x=6; y=3; x<y;	0（假）
>=	大于或等于	x=6; y=3; x>=y;	1（真）
<=	小于或等于	x=6; y=3; x<=y;	0（假）

注意：关系运算符"=="由两个=组成，用于判断两个值是否相等，赋值运算符"="由一个=组成，用于将=右边的值赋给=左边的变量，两个运算符的作用完全不同。

三、逻辑运算符与逻辑表达式

在程序中经常会遇到复杂的条件，需要对多种情况组成的复合条件进行判断，比如我们要表示一个变量的取值范围为 20～100，在生活中可以写为"20<x<100"，但在 C 语言中这样写是得不到想要的结果的，这时就需要使用逻辑运算符来表示这个由 x>20 同时 x<100 这两个条件所组成的复合条件。C 语言中的逻辑运算符及逻辑表达式举例见表 2-8。

表 2-8　逻辑运算符及逻辑表达式

运算符	作用	表达式举例	运算结果
&& 逻辑与	运算符两边值均为真时，结果为真	x=6; y=3; x>y&&y>0;	1（真）
	两边值只要有一个为假时，结果为假	x=6; y=3; x<y&&y<0;	0（假）
|| 逻辑或	运算符两边值只要有一个为真，结果为真	x=6; y=3; x>y||y==0;	1（真）
	两边均为假时，结果为假	x=6; y=3; x<y||y==0;	0（假）

运算符	作用	表达式举例	运算结果
!	运算符右边值为假时，结果为真	x=0; y=!x;	1（真）
逻辑非	运算符右边值为真时，结果为假	x=6; y=3;!(x>y);	0（假）

注意：逻辑与"&&"和逻辑或"||"是双目运算符，需要操作两个数据；逻辑非"!"是单目运算符，只需操作一个数据，表示对该数据的值取反。

四、赋值运算符与赋值表达式

格式：变量名=表达式；

说明：赋值运算符"="的作用是将=右边表达式的值赋给=左边的变量，表达式可以是常量、变量或运算符连接的表达式。C语言中的赋值运算符除了=外，还有复合的赋值运算符，各种赋值运算符及赋值表达式举例见表2-9。

表 2-9　赋值运算符及赋值表达式

运算符	作用	表达式举例	运算结果
=	赋值	x=6; y=3;	x=6，y=3
+=	加等于	x=6; y=3; x+=y;	x=9，y=3
-=	减等于	x=6; y=3; x-=y;	x=3，y=3
*=	乘等于	x=6; y=3; x*=y;	x=18，y=3
/=	除等于	x=6; y=3; x/=y;	x=2，y=3
%=	模等于	x=6; y=3; x%=y;	x=0，y=3

注意：赋值运算符左边必须是变量，不能是常量或表达式。

五、条件运算符与条件表达式

在编写C语言程序时，有时需要对一个条件成立与否进行判断，满足条件执行某项操作，不满足该条件则执行另一项操作，这种情况可以使用条件运算符来完成。

条件运算符由"?"和":"两个符号组成，用于对三个表达式进行操作，因此又被称为"三目运算符"，其语法格式为：

表达式1？表达式2：表达式3

在条件表达式中，先计算表达式1的值，若值为真则返回表达式2的值作为条件表达式的结果；若表达式1的值为假则返回表达式3的值作为结果。

程序示例2-1：使用条件运算符与条件表达式编写程序找出两个变量中的最大值。

```
#include <stdio.h>
int main()
{
    int num1=100,num2=200;      //定义两个整型变量并赋初值
    int max;                    //定义整型变量 max 用于存放最大值
    max=num1>num2?num1:num2;    //找出 num1 和 num2 的最大值并赋值给变量 max
```

```
        printf("最大值为%d\n",max);              //输出最大值
        return 0;
}
```

这里需要对条件运算符进行补充说明的是：

（1）条件运算符是由符号"?"和":"组成的一对运算符，这两个符号不能拆开单独使用。

（2）条件运算符可以嵌套使用。

六、运算符的优先级

在 C 语言程序中，各种运算符是具有优先级的，这就决定了多种运算符组成的复合表达式中不同的运算符具有不同的运算先后顺序。

C 语言中各种运算符的优先级从高到低排序如图 2-2 所示。

运算符优先级越高的越先进行运算，例如：

（1）表达式 1+2*3>5，等同于(1+(2*3))>5。

（2）表达式 a>b&&c<d，等同于(a>b)&&(c<d)。

（3）表达式 max=a>b?c+d:c-d，等同于 max=((a>b)?(c+d):(c-d))。

优先级规则较多，如果记不住也没有关系，我们可以在表达式中对需要优先计算的部分加上小括号()，()可以嵌套使用。

图 2-2　运算符优先级

七、数据类型转换

在表达式的计算中，经常会遇到数据类型不一致的情况，比如整型数据与浮点型数据进行计算，这时就必须先把数据类型转换为同一个类型才能进行运算。这种转换分为自动类型转换和强制类型转换两种类型。

1. 自动类型转换

在表达式中如果参与计算的数据类型不一致，系统将自动将其中所占内存空间较小的数据类型进行提升，转换为其中所占内存空间较大的数据类型（即取值范围较大的类型），这样可以保证数据的精度不丢失。由于该类型的转换是由系统自动完成的，因此也可称之为隐式类型转换，比如：

- char、short、int 类型的数据进行运算，在运算过程中会将 char、short 类型的数据自动提升为 int 类型。
- int、double 类型的数据进行运算，在运算过程中会将 int 类型的数据自动提升为

double 类型。

- float、double 类型的数据进行运算，在运算过程中会将 float 类型的数据自动提升为 double 类型。

代码举例：

```
short n1=10;        //定义一个短整型变量 n1 并赋值
int n2=100;         //定义一个整型变量 n2 并赋值
double n3=99.9,s;   //定义一个双精度浮点型变量 n3 并赋值
s=n1+n2+n3;         //统一提升为 double 类型的数据后再进行相加
```

以上代码中包含了短整型 short、整型 int 和双精度浮点型 double 三种类型的变量运算，这其中 double 类型的取值范围最大，因此将前两种取值范围较小的 short 和 int 类型提升为 double 类型，统一类型后再进行运算。

同理，在赋值运算时，若"="右边的数据与左侧的变量类型不同，也会将该数据转换为左侧变量对应的类型后才进行赋值，比如：

```
float num;        //定义一个浮点型变量
num=100;          //将整型常量 100 赋值给浮点型变量
```

以上代码中 100 为 int 类型数据，而变量 num 为 float 类型数据，这里会先将 100 转换为 float 类型的数据后再赋值给变量 num。

2. 强制类型转换

强制类型转换是指使用"(类型符)表达式"的形式来对数据类型进行转换，也称为显式类型转换。这种转换方式常用于将取值范围大的类型转换为取值范围小的类型，但这往往会造成数据精度的丢失，因此在使用时需要注意数据的精度变化。

强制类型转换的语法格式如下：

```
(数据类型名称)变量名或表达式
```

代码举例：

```
int num1;                    //定义一个整型变量
float num2;                  //定义一个单精度浮点型变量
double num3;                 //定义一个双精度浮点型变量
num1=num1+(int)(num2);       //将单精度浮点型强制转换为整型
num2=(float)(num2+num3);     //将表达式结果强制转换为单精度类型
```

以上代码中，第 4 行语句先将 float 单精度浮点型变量 num2 强制转换为 int 类型后，再与整型变量 num1 相加；第 5 行语句是将变量 num2 与 num3 相加的结果由 double 类型强制转换为 float 类型再赋值给变量 num2。

📂**任务实现**

任务名称	梯形量化，面积比对		任务编号	2-5
任务分析	1. 根据梯形面积公式 s=(上底+下底)*高/2 分别计算两个梯形的面积 2. 利用关系运算符和条件运算符找出其中较大的面积值		任务讲解	计算并比较梯形面积

| 参考代码 | ```
#include <stdio.h>
int main()
{
    int a1=3,b1=5,h1=4;        //定义第一个梯形的变量并赋值
    int a2=2,b2=6,h2=3;        //定义第二个梯形的变量并赋值
    int s1=((a1+b1)*h1)/2;      //计算第一个梯形面积
    printf("第一个梯形面积为：%d \n",s1);
    int s2=((a2+b2)*h2)/2;      //计算第二个梯形面积
    printf("第二个梯形面积为：%d \n",s2);
    int max;                    //存放较大的面积值
    max=(s1>s2)?s1:s2;          //使用条件运算符找出较大的面积值
    printf("两个梯形中较大的面积为：%d \n",max);
    return 0;
}
``` |
|---|---|
| 执行结果 | 第一个梯形面积为：16
第二个梯形面积为：12
两个梯形中较大的面积为：16 |

📂 任务拓展

任务名称	计算超市购物的付款金额	任务编号	2-6
任务描述	超市购物总消费额超过 100 元（包含 100 元）时，可享受 6 折优惠，低于 100 元则无优惠，根据此规则编写程序计算本次购物的付款金额为多少	任务讲解	超市购物金额计算
任务提示	1. 本任务中可以定义三个变量：总消费额 sum、折扣额 discount 和实际付款金额 payment 2. 超市购物折扣额度由消费金额来决定，分为两种情况：总消费额<100 时 discount 为 1，没有折扣；总消费额>=100 时 discount 为 0.6。这里可以使用关系运算符和条件运算符来编写折扣金额的判断语句		
| 参考代码 | ```
#include <stdio.h>
int main()
{
    float sum,discount,payment;        //定义三个浮点类型变量
    sum=9.8+18+25.9+52.8+30+6.5;       //计算购买的所有商品的总消费额
    discount=(sum>=100)?0.6:1;         //使用条件运算符来判断折扣金额
    payment=sum*discount;              //计算实际付款金额
    printf("您购买的商品总价为%.2f\n",sum);
    printf("本次购物您享受的折扣为%.1f\n",discount);
    printf("您需要付款%.2f 元 \n",payment);
    return 0;
}
``` | | |
| 执行结果 | 您购买的商品总价为143.00
本次购物您享受的折扣为0.6
您需要付款85.80元 | | |

📂 任务评价

任务编号	任务实现		代码规范性	综合素养
	任务点	评分		
2-5	定义变量存储梯形的上底、下底、高并赋初值			
	使用运算符编写表达式计算梯形面积			
	使用条件运算符比较出较大的梯形面积			
2-6	定义变量存储总消费额、折扣额、实际付款金额并赋初值			
	使用关系运算符和条件运算符计算出折扣金额			
	使用算术运算符编写表达式计算实际付款金额			

填表说明：

1. 任务实现中每个任务点评分为 0～100。
2. 代码规范性评价标准为 A、B、C、D、E，对应优、良、中、及格和不及格。
3. 综合素养包括学习态度、学习能力、沟通能力、团队协作等，评价标准为 A、B、C、D、E，对应优、良、中、及格和不及格。

📂 总结与思考

_____

_____

_____

任务 2.4　员工信息，编制成卡——数据的输入与输出

📂 任务导语

公司里每位新员工在进入公司时都需要输入个人信息，并根据个人信息生成一张信息卡（工牌）以便于公司进行管理。那么在 C 语言中，我们如何编写程序来实现这些个人信息数据的输入与输出呢？来看看我们的任务吧！

📂 任务单

任务名称	员工信息，编制成卡	任务编号	2-7
任务描述	通过键盘输入一名员工的工号（6 位阿拉伯数字）、性别（字母 F 表示女性，M 表示男性）、年龄、部门（由大写字母 A、B、C 表示所在部门）等信息数据，然后设计为工牌的形式格式化输出上述信息数据	任务效果	输出员工信息卡
任务目标	1. 掌握 C 语言格式化输入的方法 2. 掌握 C 语言格式化输出的方法		

任务突破	本任务需要使用格式化输入、输出函数来完成输入输出操作；建议输入数据前应先输出提示语句，便于提示用户按照对应的格式输入相应的数据内容，使人机交互更友好；数据输出时需要提前设计好输出样式，可以模仿实际工作中的员工卡来进行数据的格式化输出

知识导入

数据的输入与输出

在程序中数据的输入/输出是一项基本操作，输入操作让程序能够实时接收用户数据进行处理，而执行结果也需要输出供用户查看，因此几乎每个程序都需要输入与输出数据。

需要注意的是，C 语言本身并不提供输入/输出语句，它的数据输入与输出是通过函数实现的，C 语言中标准输入/输出函数的定义包含在 stdio.h 文件中，因此如果程序需要输入或输出，应在程序开头使用预编译指令#include 将文件<stdio.h>包含进来，这样程序中就可以使用输入/输出函数了。该命令的使用格式为：

```
#include <stdio.h>
```

C 语言的输入/输出函数包括字符输入与输出函数和格式化的输入与输出函数。

一、字符的输入/输出

1. getchar()字符输入函数
格式：getchar();
功能：接收键盘输入的一个字符并作为函数值返回。
代码举例：

```
char c1;              //定义字符变量 c1
c1=getchar();         //从键盘接收一个字符存放到变量 c1 中
```

使用说明：getchar()不仅能接收可见字符，也可以接收'\n'、'\t'等对应的转义字符。

2. putchar()字符输出函数
格式：putchar(字符或整数);
功能：向显示器等输出设备输出一个字符。

使用说明：putchar()函数的参数可以是一个字符型或整型的常量、变量或表达式，当参数是整型数据时，输出该数字在 ASCII 码表中对应的字符。
代码举例：

```
char c='A';
putchar(c);        //输出字符型变量 c 的值'A'
putchar('\n');     //输出转义字符换行符
putchar(66);       //输出 66 在 ASCII 码表中的字符'B'
```

以上程序在运行时，首先输出字符'A'，然后会输出一个换行符号，再输出字符'B'，输出结果如图 2-3 所示。

```
A
B
```

图 2-3　putchar()函数的输出结果

二、格式化输入/输出函数

在实际编写程序时，我们经常需要对不同类型的数据进行输入/输出操作，并且会对输入/输出的格式进行控制，这就需要使用格式化输入/输出函数：scanf()和 printf()。

1. printf()格式输出函数

格式：printf("格式控制字符串",输出列表);

功能：按格式字符串指定的格式将输出列表中的数据依次输出显示。

使用说明：

（1）"格式控制字符串"：用于控制输出数据的格式，通常包含两个部分，即用于控制输出数据的类型及格式的格式说明部分和非格式控制的普通字符部分。

● 格式说明部分：格式说明用于对输出列表中的每个数据指定数据类型和格式；每个说明项以符号%开头，后面跟上格式控制字符，用于指定输出数据的类型，还可以为该输出项指定宽度、精度等要素，其中输出数据的类型是必须要指定的，宽度和精度为可选指定要素；C 语言常见格式控制字符见表 2-10。

表 2-10　格式控制字符

格式控制字符	作用
d	以十进制形式输出带符号的整数（正数不输出符号）
O	以八进制形式输出无符号整数（不输出前缀 O）
x	以十六进制形式输出无符号整数（不输出前缀 OX）
f	以小数形式输出单精度、双精度实数
c	输出单个字符
s	输出字符串
e	以科学记数法形式输出单精度、双精度实数

● 非格式控制的普通字符部分：这部分内容将按原样输出，例如：

```
printf("hello world!");    //原样输出字符串"hello world!"
```

（2）输出列表：用于表示依次输出的一个或多个具体数据，可以是变量、常量或表达式。例如：

```
printf("%d",98);        //按十进制整型格式输出 98
```

（3）输出数据的宽度和精度控制。

在格式说明的%和格式控制符之间可以加上一个整数指定输出数据的长度，加上一个小数指定小数部分的精度。

程序示例 2-2：

```
#include <stdio.h>
int main()
{
    int r=1;
    printf("%d\n",100);        //由控制字符%d 指定输出整数 100
    printf("%10.3f\n",3.14);    //%f 指定输出实数 3.14，数据长度占 10 位，小数占 3 位
```

```
        printf("%c\n",'Q');              //由控制字符%c 指定输出单个字母 Q
        printf("Hello World\n");          //原样输出字符串"Hello World"
        printf("半径为%d 的圆的面积为%.2f\n",r,r*r*3.14);   //%d 对应输出变量 r, %.2f 对应输出圆面积
        return 0;
```

程序执行结果如图 2-4 所示。

图 2-4   printf()函数输出效果示例

2. scanf()格式输入函数

格式：scanf("格式控制字符串",输入地址列表);

功能：从键盘接收用户输入的数据并存入变量对应的地址。

使用说明：

（1）scanf()函数的格式与 printf()函数的格式相似，但 scanf()函数仅使用格式控制字符指定输入的数据类型，并不使用宽度和精度控制。

（2）在输入格式控制中，%f 用于接收 float 类型数据，%lf 用于接收 double 类型数据。

（3）输入地址列表处为接收数据的变量名地址列表，在每个变量名前需要加取地址运算符&，使接收到的数据存储到变量对应的内存地址中。

（4）如果用一个 scanf()函数输入多个变量的值，格式字符串与地址列表要一一对应。如 scanf("%d%c%f",&a,&b,&c);依次接收三个数据，三个数据的默认分隔符为空格或回车符。也可以指定输入数据的分隔符，如 scanf("%d,%c,%f",&a,&b,&c);接收三个数据时数据之间的分隔符指定为","。

程序示例 2-3：

```c
#include <stdio.h>
#define PI 3.14
int main()
{
        double r,h;           //圆柱的半径 r 和高 h
        double vol;          //圆柱的体积
        printf("请输入圆柱底面半径和圆柱的高：");
        scanf("%lf,%lf",&r,&h);    //输入半径和高
        vol=PI*r*r*h;            //计算体积
        printf("半径为%.2f，高为%.2f 的圆柱体积为：%.2f",r,h,vol);   //输出
        return 0;
}
```

程序执行结果如图 2-5 所示。

请输入圆柱底面半径和圆柱的高：1,3
半径为1.00,高为3.00的圆柱体积为：9.42

图 2-5   格式输入/输出函数效果示例

📁**任务实现**

任务名称	员工信息，编制成卡	任务编号	2-7
任务分析	1. 本任务中需要定义四个变量用于接收输入的工号、性别、年龄、部门等数据，需要使用 scanf()格式化输入函数接收数据。建议输入数据前应先输出提示语句，便于提示用户按照对应的格式输入相应的数据内容，使人机交互更友好 2. 数据输出时需要提前设计好输出样式，可以模仿实际工作中的员工卡来进行数据的格式化输出，再使用printf()格式化输出函数将上述信息进行输出显示	任务讲解	输出员工信息卡

参考代码	<pre>#include <stdio.h>
	int main()
	{
	    int id; //定义一个整型变量存储工号
	    char gender; //定义一个字符型变量存储性别
	    int age ; //定义一个整型变量存储年龄
	    char department; //定义一个字符型变量存储部门
	    printf("---\n");
	    printf("| 欢迎进入新员工信息登记系统 |\n");
	    printf("---\n");
	    printf("请输入您的性别代码（F 女性/M 男性）：\n");
	    scanf("%c",&gender); //接收输入的性别数据存储到变量中
	    printf("请输入您的工号：\n"); //输入前的提示语句
	    scanf("%d",& id); //接收输入的学号数据存储到变量中
	    printf("请输入您的年龄：\n");
	    scanf("%d",&age); //接收输入的年龄数据存储到变量中
	    getchar();
	    printf("请输入您所在的部门编码：\n");
	    scanf("%c",&department);
	    printf("请核对您的员工信息卡：\n");
	    printf(" --\n");
	    printf("| 员工信息卡 |\n");
	    printf(" --\n");
	    printf("| --\n");
	    printf("|| | 工号：%d |\n",id);
	    printf("|| | 性别：%c |\n",gender);
	    printf("|| 照片 | 年龄：%d |\n",age);
	    printf("|| | 部门：%c |\n",department);
	    printf("| --|\n");
	    printf(" --\n");
	    return 0;
	}</pre>

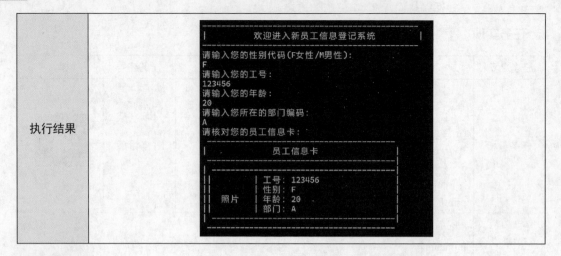

| 执行结果 | |

📁 任务拓展

任务名称	编写储户存取款模拟程序	任务编号	2-8
任务描述	根据提示接受储户输入的账号信息及存款金额,计算储户的账户余额并进行显示	任务讲解	储户存取款模拟
任务提示	设计一个简单的欢迎界面进行输出,设置储户的账户余额初始值为 10000 元,储户可进行一次存取款业务,储户在完成输入储蓄金额后(正数为存入,负数为取出)计算储户账户的余额,并将余额输出显示		

参考代码	```c
	#include <stdio.h>
	int main()
	{
	    float sum=10000; //定义储户的账户余额变量并赋初始值 10000
	    float money =0; //定义储户每次存储的金额
	    printf("$$$$$$$$$$$$$$$$$$$$$$$$$$$$$$$$$$\n");
	    printf("$ 欢迎进入银行自助储蓄系统 $\n");
	    printf("$$$$$$$$$$$$$$$$$$$$$$$$$$$$$$$$$$\n");
	    //输入数据
	    printf("您的账号余额为: %.2f\n",sum);
	    printf("您可进行一次存款或取款操作: \n");
	    printf("请输入您的存/取储的金额(正数为存款,负数为取款): \n");
	    scanf("%f",&money); //接收储户输入的存/取储的金额存储到变量中
	    sum+=money; //计算账号余额
	    printf("您的账号余额为: %.2f,欢迎下次光临",sum);
	    return 0;
	}
	``		

执行结果	$$$$$$$$$$$$$$$$$$$$$$$$$$$$$$$$$$ $ 欢迎进入银行自助储蓄系统 $ $$$$$$$$$$$$$$$$$$$$$$$$$$$$$$$$$$ 您的账号余额为 :10000.00 您可进行一次存款或取款操作: 请输入您的存/取储的金额(正数为存款,负数为取款): 6000 您的账号余额为 :16000.00,欢迎下次光临		

📁 任务评价

任务编号	任务实现		代码规范性	综合素养
	任务点	评分		
2-7	定义变量存储工号、性别、年龄、部门等数据			
	使用格式化输入函数接收各项员工信息数据并存放到相应的变量中			
	使用格式化输出函数显示员工信息卡			
2-8	输出显示银行自助储蓄系统欢迎界面			
	使用格式化输入函数接收用户输入的数据并存放到相应的变量中			
	计算账户余额并进行输出显示			

填表说明:

1. 任务实现中每个任务点评分为 0～100。
2. 代码规范性评价标准为 A、B、C、D、E,对应优、良、中、及格和不及格。
3. 综合素养包括学习态度、学习能力、沟通能力、团队协作等,评价标准为 A、B、C、D、E,对应优、良、中、及格和不及格。

📁 总结与思考

_____

_____

_____

任务 2.5 核算工资,统计均值——顺序结构程序设计

📁 任务导语

我们部门有两名员工,每月需要计算每位员工的实发工资和部门平均工资,在 C 语言中怎么实现这些功能呢?来看看我们的任务吧!

📁 任务单

任务名称	核算工资,统计均值	任务编号	2-9
任务描述	1. 分别输入两名员工的月工资数额 2. 每名员工每月要按工资数额的 8%缴纳养老保险,计算出每名员工的实发工资 3. 计算出两名员工的每月实际平均工资	任务效果	计算员工平均工资
任务目标	1. 综合利用前面任务所学的基本语法知识编写程序语句 2. 掌握 C 语言顺序结构设计的方法		

📂**知识导入**

在前面的内容中，我们学习了 C 语言的一些基本语法知识，有了这些基本知识我们就可以编写一些简单的程序语句，但在实际的程序设计开发中这些还远远不能满足程序编写的要求，我们还需要建立结构化的程序设计思维。

顺序结构程序设计

C 语言具有结构化设计的特点，强调面向过程自顶而下的程序设计思路。C 语言的结构化流程包括了三种基本形式：顺序结构、选择结构、循环结构。

顺序结构的特点是从上到下依次执行每条语句，是程序设计中最简单、最基础的一种结构。

选择结构，即根据给定的条件成立与否决定执行哪一部分代码，也称为分支结构。

循环结构，是指程序运行时符合了某种条件的情况下将反复执行某一部分语句。

接下来我们就采用循序渐进的方式来学习结构化程序设计中最简单、最基本的顺序结构程序设计的方法。首先我们看一个简单的顺序结构程序代码举例。

程序示例 2-4：

```c
#include <stdio.h>
int main()
{
    printf("************************\n");
    printf("我\t");
    printf("爱\t");
    printf("中\t");
    printf("国\n");
    printf("************************\n");
    return 0;
}
```

程序运行结果如图 2-6 所示。

图 2-6　程序运行结果

📂**任务实现**

任务名称	核算工资，统计均值	任务编号	2-9
任务分析	本任务中需要依次输入两名员工的工资，并依次计算出扣除养老保险后的员工实际工资收入，然后进行累加求和，再将总工资除以员工人数得到平均工资并进行输出显示	任务讲解	计算员工平均工资

| 参考代码 | ```c
#include <stdio.h>
int main()
{
    float salary;        //定义变量存储未扣除养老保险前的工资数额
    float income;        //定义变量存储已扣除养老保险后的实际工资收入
    float sum=0;         //定义变量存储工资总额并赋初值为 0
    float avg;           //定义变量保存平均工资
    printf("请输入第一名员工的工资：\n");
    scanf("%f",&salary);
    income= salary-salary*0.08;     //计算扣除养老保险后的实际收入数额
    printf("第一名员工的实发工资为：%.2f\n",income);
    sum+=income;         //将第一名员工的实际收入数额存入工资总额变量中

    printf("请输入第二名员工的工资：\n");
    scanf("%f",&salary);
    income= salary-salary*0.08;         //计算扣除养老保险后的实际收入数额
    printf("第二名员工的实发工资为：%.2f\n",income);
    sum+=income;         //将第二名员工的实际收入数额继续存入工资总额变量中

    avg=sum/2;           //计算员工的实发工资
    printf("\n 本部门员工的平均工资为：%.2f\n",avg);
    return 0;
}
``` |
|---|---|
| 执行结果 | 请输入第一名员工的工资：
4500
第一名员工的实发工资为:4140.00
请输入第二名员工的工资：
5000
第二名员工的实发工资为:4600.00

本部门员工的平均工资为4370.00 |

📂任务拓展

任务名称	将输入的四位正整数逆序输出		任务编号	2-10
任务描述	1. 输入一个四位正整数 2. 通过计算依次得到千位、百位、十位、个位数字 3. 依次输出个位、十位、百位、千位数字	任务讲解		将输入的正整数 逆序输出
任务提示	1. 本次任务需要综合使用本模块学习的内容，包括数据的类型、变量的定义与使用、数据的计算及输入/输出等内容 2. 使用取模运算符%及除法运算符/来获取每一位数字			
| 参考代码 | ```c
#include <stdio.h>
int main()
{
    int num;
``` | | | |

参考代码	`int g,s,b,q;`　　　　　　　//分别表示个位、十位、百位、千位数字
	`//输入数据`
	`printf("请输入一个四位正整数：");`
	`scanf("%d",&num);`　　　　//输入数据到变量中
	`q=num/1000;`　　　　　　//获得千位数字
	`b=num/100%10;`　　　　　//获得百位数字
	`s=num/10%10;`　　　　　　//获得十位数字
	`g=num%10;`　　　　　　　//获得个位数字
	`//逆序显示数字`
	`printf("逆序显示以上数字应为：%d%d%d%d",g,s,b,q);`
	`return 0;`
	`}`

执行结果	请输入一个四位正整数：1234 逆序显示以上数字应为：4321

任务评价

任务编号	任务实现		代码规范性	综合素养
	任务点	评分		
2-9	定义 4 个浮点型变量存储各项工资数据			
	使用格式化输入函数接收两名员工的工资数据并进行计算			
	计算员工平均工资并使用格式化输出函数进行输出显示			
2-10	使用格式化输入函数接收一个四位正整数			
	通过计算提取各个位置上的数字			
	使用格式化输入函数逆序输出四位数字			

填表说明：

1. 任务实现中每个任务点评分为 0～100。

2. 代码规范性评价标准为 A、B、C、D、E，对应优、良、中、及格和不及格。

3. 综合素养包括学习态度、学习能力、沟通能力、团队协作等，评价标准为 A、B、C、D、E，对应优、良、中、及格和不及格。

总结与思考

项目任务 1　学生成绩管理系统：菜单的显示

📁 任务导语

学生成绩管理系统中的菜单有登录菜单、教师端菜单和学生端菜单，通过格式化输入/输出函数输出各菜单，接收用户的选择并反馈用户的选项。

📁 任务单

任务要求	完成学生成绩管理系统项目菜单的显示	任务编号	2-11
任务描述	1. 完成系统的登录主菜单的代码设计 2. 完成系统的教师端菜单的代码设计 3. 完成系统的学生端菜单的代码设计	任务讲解	学生成绩管理系统菜单输出
任务目标	将学生成绩管理系统分为教师端和学生端，需要登录菜单、教师端菜单和学生端菜单，显示内容需要按需设计		

📁 任务分析

通过本模块的学习我们可以发现，软件的输入/输出部分是实现人机互动的关键部分。通过本门课程的学习，我们要完成学生成绩管理系统的设计与编写。这个系统功能的实现，首先就需要完整地显示各个功能模块菜单，让用户了解菜单选项并进行相应的输入，才能让系统完成成绩数据的查询、增加、删除、修改等。

我们需要编写出三个功能部分的显示菜单：系统的登录主菜单、教师端菜单、学生端菜单。这里，会将本模块学习的数据类型、变量的定义与使用、数据的输入/输出等内容进行综合应用，其中会重点使用格式化输入/输出函数来完成菜单的显示及用户输入数据。

📁 任务实现

本案例中共有两级三个菜单，分别为第一级主菜单、第二级教师端菜单和学生端菜单，主要功能模块的调用都在菜单中实现。

1. 系统登录主菜单 menu 的显示

系统登录主菜单中通过输入不同数字选择进入登录模块，进行教师或学生的账号、密码验证，验证成功则可进入二级菜单。

```
//主菜单
int main()
{
    printf("================================\n");
    printf("    欢迎来到学生成绩管理系统        \n");
    printf("    1. 教师端                      \n");
    printf("    2. 学生端                      \n");
```

```
    printf("        3．退出                        \n");
    printf("==================================\n");
    printf("[请输入数字选择菜单] ");
    int menu_input;     //记录菜单选择参数
    scanf("%d", & menu_input);
    printf("您选择的功能端是：%d", menu_input);
    printf("==================================\n");
    return 0;
}
```

2．教师端菜单 teacher_menu 的显示

教师端拥有本系统的全部功能选择：添加、删除、修改、查询、排序、打印等，通过菜单进入不同子功能模块。

```
/* 菜单 教师端 */
int main()
{
    printf("==================================\n");
    printf("    学生成绩管理系统 - 教师端        \n");
    printf("        1．添加学生成绩             \n");
    printf("        2．打印学生成绩             \n");
    printf("        3．查询学生成绩             \n");
    printf("        4．修改学生成绩             \n");
    printf("        5．删除学生成绩             \n");
    printf("        6．排序学生成绩             \n");
    printf("        7．返回上级菜单             \n");
    printf("        8．退出系统                 \n");
    printf("==================================\n");
    printf("请选择要执行的操作：");
    int menu_input;
    scanf("%d", & menu_input);
    printf("您的选择功能模块是：%d", menu_input);
    return 0;
}
```

3．学生端菜单 student_menu 的显示

学生端菜单功能如图 2-7 所示，请同学们完成 student_menu.c 代码编写。

图 2-7   学生端菜单登录界面

📂**测试验收单**

项目任务	任务实现		代码规范性	综合素养
	任务点	评分		
学生成绩管理系统	设计实现一级主菜单的交互式输入/输出及接收后的信息反馈			
	设计实现二级教师端菜单的交互式输入/输出及接收选择后的信息反馈			
	设计实现二级学生端菜单的交互式输入/输出及接收选择后的信息反馈			

填表说明：

1. 任务实现中每个任务点评分为 0～100。
2. 代码规范性评价标准为 A、B、C、D、E，对应优、良、中、及格和不及格。
3. 综合素养包括学习态度、学习能力、沟通能力、团队协作等，评价标准为 A、B、C、D、E，对应优、良、中、及格和不及格。

📂**总结与思考**

项目任务 2　物联网应用中的 C 程序：自动计算 BMI

📂**任务导语**

　　学习了 C 语言后，我们可以试着进行简单的嵌入式开发。什么是嵌入式开发呢？简单来讲就是通过编写软件代码来指挥硬件系统完成所需的功能，这样就能让软件指挥硬件进行运作，从而解决工作与生活中的各项实际问题。在这个项目任务中我们将尝试编写程序代码访问芯片、传感器等硬件设备，获得身高体重数据，通过计算得到用户 BMI 体质指数并进行显示。

📂任务单

任务要求	完成自动计算 BMI 值嵌入式项目的代码设计	任务编号	2-12
任务描述	1. 通过重力传感器获得用户的体重信息 2. 通过超声波传感器获得用户的身高信息 3. 计算用户的 BMI 值并进行显示	任务讲解	嵌入式开发完成 BMI 值的自动计算
任务目标	编写软件代码控制硬件运行，得到所需的数据后进行计算，并将计算结果显示到屏幕上		

📂任务分析

现代社会人们对健康管理越来越重视，BMI 作为一种简单、易行的评估指标，被广泛用于评价个体的体重是否处于健康范围。BMI，即人体体重指数，是一种国际上常用的衡量人体肥胖程度以及是否健康的重要标准。它是通过体重（千克）除以身高（米）的平方得出的数字，计算公式为：BMI=体重（kg）/身高^2（m^2）。

本项目任务需要借助于压力传感器 HX711，这是一款专为高精度电子秤而设计的 24 位 A/D 转换器芯片，可以帮助我们自动获取电子秤上用户的体重。另外，还需要使用超声波传感器测量距离，用来测量出用户的身高。得到了体重和身高数据后，即可将其赋值给表示体重和身高的变量，列出表达式计算出用户的 BMI 值，然后将其进行显示。

📂任务实现

项目任务实现的部分参考代码：

```c
#include "function.h"

/***************************************************
 BMI 身体质量 BMI=体重（kg）÷身高（m^2）
 ***************************************************/
float bmi, really_weight, heightCm;
void BMIMeasure()
{
    really_weight =WeightMeasure();        //测量体重，单位为 kg
    heightCm =DistanceMeasure();           //测量距离，单位为 cm
    float heightm = heightCm / 100.0;      //将身高单位换算为 m
    bmi=really_weight/(heightm * heightm);
    PrintBMI();       //将计算出的 bmi 值显示到 ATF 屏上
}
```

素质拓展——遵守规则

2023 年 10 月 16 日，中国共产党第二十次全国代表大会开幕，习近平总书记在大会报告中明确提出要提高全社会文明程度，实施公民道德建设工程，弘扬中华传统美德，加强和改进未成年人思想道德建设，推动明大德、守公德、严私德，提高人民道德水准和文明素养，弘扬诚信文化，健全诚信建设长效机制。

要讲文明、守公德，首先就要遵守社会行为准则，遵守法律法规及各项规章制度。走在马路上我们要遵守交通规则，在校园里我们要遵守校规校纪，玩电脑游戏我们要遵守游戏规则……世界上没有完全不受约束的自由，在规则内行事才能享受真正的自由。

在编写程序时，也体现出遵守规则这一首要准则。我们在编写 C 语言程序时，必须遵循 C 语言的语法规则，比如给变量起名必须遵守语法规则，不能随心所欲乱起名，数据的类型要与变量类型相统一，格式化输出数据时格式控制符必须与输出数据类型相统一等。如果不遵循这些语法规则，编写的程序就不能通过编译，更无法运行了，由此可见遵守规则的重要性。

华为作为中国信息科技的领军企业，为了在公司内部的研发工作中提高代码的质量、可维护性和可读性，提升软件生产效率和质量，专门针对 C 语言编程制定了一套公司内部标准——C 语言编程规范 5.0。该规范分为内容简介、命名规范、格式化规范、注释规范、函数规范、指针规范、编程实践、代码安全性、项目实施九个方面。其中，命名规范要求对变量、函数、结构体、宏等命名时要清晰、简洁、有意义、有规律，提高代码的一致性和可读性；格式化规范要求代码排版规范、缩进统一、空格使用规范，在编码风格中指定了代码的缩进、对齐、空格、换行、括号、注释等方面的统一，以简化代码的阅读和维护；注释规范要求代码必须有注释、注释要精简、准确、规范、截止本行等内容。华为制定的这份 C 语言编程规范很好地规范了公司内部的 C 语言编程行为，提高了代码的可读性、可维护性和可移植性，促进了团队协作与开发效率的有效提升。有兴趣的同学可以上网查询一下华为 C 语言编程规范 5.0 版本的具体内容。

规则是社会发展、科技进步的重要基础，让我们从身边小事做起，用实际行动捍卫我们的规则文明，点亮美好未来。

习　题　2

一、选择题

1. 以下选项中，（　　）不属于 C 语言整型常量。

  A．127　　　　　　B．56000　　　　　C．32L　　　　　　　D．3.1415

2. 以下选项中，符合标识符命名规则的变量名是（　　）。

  A．int　　　　　　B．3ce　　　　　　C．stu_code　　　　D．num!

3. 在 C 语言中表示换行的转义字符是（　　）。

  A．\n　　　　　　B．\t　　　　　　C．\b　　　　　　　D．\f

4. 下列不属于 C 语言关键字的是（　　）。

  A．float　　　　　B．go　　　　　　C．return　　　　　D．int

5. C 语言中，以下字符输出语句正确的是（　　）。

  A．putchar("\n");　　　　　　　　B．putchar(\n);

  C．putchar('A');　　　　　　　　 D．putchar("A");

6. C 语言中，以下格式化输出语句错误的是（　　）。

  A．printf("你的学号为：123456 ");

　　B．printf("你的学号为%c：",123456);

　　C．printf("你的学号为%d：",123456);

　　D．printf("你的学号为%s：","123456");

7．C 语言中，下列运算符中（　　）要求操作数必须是整数。

　　A．/　　　　　　　B．==　　　　　　　C．=　　　　　　　D．%

8．以下选项中（　　）组运算符的优先级是符合从低到高排列的。

　　A．赋值运算符、关系运算符、算术运算符

　　B．算术运算符、关系运算符、赋值运算符

　　C．关系运算符、赋值运算符、算术运算符

　　D．赋值运算符、算术运算符、关系运算符

9．定义以下变量，下列选项中（　　）会造成数据精度丢失。

```
char ch='A';
int i=100;
float f=3.14f;
double d=3.141592;
```

　　A．i=ch;　　　　　B．i=f;　　　　　C．f=i;　　　　　D．d=f;

二、判断题

1．常量的值在程序运行过程中是不可以改变的。　　　　　　　　　（　　）

2．字符型常量使用双引号括起一个字符。　　　　　　　　　　　　（　　）

3．字符型常量'A'与'a'是一样的，表示同一字符常量。　　　　　　（　　）

4．变量名可以按需要随意起名，只要能看懂就可以了。　　　　　　（　　）

5．浮点型数据转换为整型数据时，会发生精度丢失。　　　　　　　（　　）

6．表达式(100<200)&&(200>300)的计算结果为 0。　　　　　　　（　　）

7．定义变量 int i=0,j=0,a,b;执行语句 a=i++;b=++j;后，则 a 和 b 的值相等均为 1。

　　　　　　　　　　　　　　　　　　　　　　　　　　　　　　（　　）

三、编程题

1．编写一个程序，从键盘输入矩形的长和宽，计算矩形的面积并输出。

2．编写一个密码输入程序，实现从键盘输入任意 6 个字符作为密码，再将这 6 个字符输出显示供用户进行密码确认。

3．编写一个程序实现进制转换功能，比如输入一个十进制整数，将其转换为八进制及十六进制，对转换结果进行显示。

4．编写一个程序，从键盘任意输入两个整数，将两个整数进行加减乘除四则运算后输出显示运算结果。

5．编写一个程序，从键盘输入任意三个数字，使用条件运算符对数字大小进行比较，找出其中的最大值与最小值，并对最值进行输出显示。

模块 3　选择结构程序设计

知识目标

- 理解选择结构。
- 掌握 C 语言中 if 条件语句的三种基本形式与用法。
- 掌握 C 语言中 switch 条件语句的基本形式与用法。
- 掌握 if 嵌套语句的基本形式与用法。
- 熟练掌握选择结构程序设计的方法。

模块导读

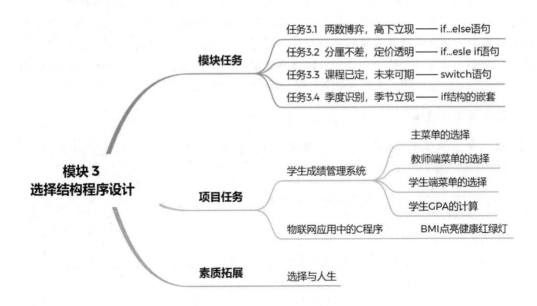

模块任务	任务3.1 两数博弈，高下立现 —— if...else语句
	任务3.2 分厘不差，定价透明 —— if...esle if语句
	任务3.3 课程已定，未来可期 —— switch语句
	任务3.4 季度识别，季节立现 —— if结构的嵌套

模块3 选择结构程序设计

项目任务：
- 学生成绩管理系统
  - 主菜单的选择
  - 教师端菜单的选择
  - 学生端菜单的选择
  - 学生GPA的计算
- 物联网应用中的C程序 —— BMI点亮健康红绿灯

素质拓展：选择与人生

任务 3.1　两数博弈，高下立现——if...else 语句

任务导语

　　生活中经常会遇到最大值的问题，比如两个小朋友哪个高，两位同学哪个的成绩好……我们是怎么判断两个数的最大数的呢？在 C 语言中又该怎么实现呢？来看看我们的任务吧！

📁 任务单

任务名称	两数博弈，高下立现	任务编号	3-1
任务描述	输入两个整数，求它们中的最大值并输出	任务效果	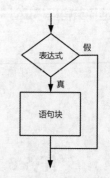 求两个数的最大值
任务目标	1. 理解选择结构 2. 掌握简单 if 语句的基本形式与用法 3. 掌握 if...else 语句的基本形式与用法		

📁 知识导入

一、选择结构

前面学习了顺序结构程序设计。在顺序结构中，语句的执行顺序都是从上至下依次执行，是无条件的，不需要作任何判断。而在处理一些复杂问题的过程中，有时需要对某个条件进行判断，根据判断结果来决定是否需要执行指定的操作，这就是选择结构。

在实际生活中，也经常遇到需要做出选择的问题。例如，在路过红绿灯路口时，需要根据红绿灯的状态选择是否通行：红灯停，绿灯行。类似地，C 语言的选择结构也是根据条件成立与否决定执行哪一个操作。C 语言提供了两种选择语句：if 语句和 switch 语句。if 语句又分为三种形式：简单 if 语句、if...else 语句和 if...else if 语句。

二、简单 if 语句

简单 if 语句是 if 条件语句的一种基本形式，也称为单分支结构，其语法格式如下：

```
if(表达式)
{
    语句块;
}
```

说明：

（1）"表达式"可以是任意的关系表达式、逻辑表达式或算术表达式，其值只有两种情况：真（非 0 值）或假（0）。

（2）若表达式的值为真，则执行语句块内语句，语句块中可包含一条或多条语句；若表达式值为假，则跳过语句块并执行 if 语句之后的语句。

执行流程图如图 3-1 所示。

图 3-1　简单 if 语句流程图

程序示例 3-1：某商场满减活动，单件商品满 300 元则可享受 5% 的优惠，根据商品单价计算实付金额并输出。

```
#include <stdio.h>
int main()
{
```

```
    float price,discountMoney=0;      //price 为商品价格，discountMoney 为优惠金额
    printf("请输入商品的价格：");
    scanf("%f",&price);
    if(price>=300)      //判断商品价格是否达到 300
        discountMoney=price*0.05;
    printf("已优惠%.0f 元，请支付%.0f 元，购物结束!",discountMoney,price-discountMoney);
    return 0;
}
```

代码分析：

（1）表达式 price>=300 用于判断商品价格是否达到 300 的活动要求。

（2）若表达式的值为真，则根据折扣计算公式计算优惠价格 discountMoney，否则就执行简单 if 语句后的其他语句。

（3）无论是否满足优惠条件都会输出优惠金额和实付金额。

三、if...else 语句

if…else 语句

if...else 语句是 if 条件语句的完整形式，又称为双分支结构，它可根据条件成立与否执行不同的语句块，其语法格式如下：

```
if(表达式)
{
    语句块 1;
}
else
{
    语句块 2;
}
```

说明：

（1）"表达式"可以是任意的关系表达式、逻辑表达式或算术表达式，其值只有两种情况：真（非 0 值）或假（0）。

（2）若表达式的值为真，则执行语句块 1，否则执行 else 后面的语句块 2。

执行流程图如图 3-2 所示。

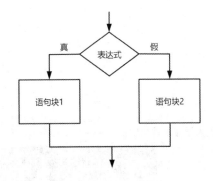

图 3-2　if...else 语句流程图

程序示例 3-2： 键盘输入任意一个正整数，请判断它是奇数还是偶数。

```
#include <stdio.h>
int main() {
    int n;
    printf("请输入一个正整数：");
    scanf("%d",&n);
    //通过能否被 2 整除判断奇偶数
    if(n%2==0)              //如果能被 2 整除是偶数
    {
        printf("%d 是偶数\n",n);
    }
    else                    //否则是奇数
    {
        printf("%d 是奇数\n",n);
    }
}
```

🗁 任务实现

任务名称	两数博弈，高下立现	任务编号	3-1
任务分析	定义两个整型变量 a 和 b，用于存放输入的任意两个数，构造条件表达式：a>b，判断表达式的值。若值为真，则输出语句"最大值为 a"，否则就输出语句"最大值为 b"	任务讲解	求两个数的最大值

参考代码	```
	#include <stdio.h>
	int main()
	{
	    int a,b; //定义变量
	    printf("请输入第一个整数：");
	    scanf("%d",&a);
	    printf("请输入第二个整数：");
	    scanf("%d",&b);
	    if(a>b) //判断表达式的值
	    {
	        printf("最大值为：%d\n",a);
	    }
	    else
	    {
	        printf("最大值为：%d\n",b);
	    }
	    return 0;
	}
	``		

执行结果	1. 输入第一个数大于第二个数： 请输入第一个整数：10 请输入第二个整数：5 最大值为:10		

执行结果	2. 输入第一个数小于第二个数：
	 请输入第一个整数：5 请输入第二个整数：8 最大值为:8

📁 任务拓展

任务名称	验证登录密码	任务编号	3-2
任务描述	判断预设的密码与用户输入的登录密码是否相等。若相等则输出"密码正确，登录成功！"，否则输出"密码错误，无法登录！"	任务讲解	验证登录密码
任务提示	定义两个整型变量 prepassword 和 password，分别用于存放提前设定的密码和输入的登录密码，构造表达式：prepassword==password，判断表达式的值。若值为真，则输出语句"密码正确，登录成功！"，否则输出语句"密码错误，无法登录！"		

参考代码	```c
	#include <stdio.h>
	int main()
	{
	    int prepassword=123; //预设密码
	    int password;
	    printf("请输入密码：");
	    scanf("%d",&password);
	    if(prepassword==password) //判断输入密码与预设密码是否一致
	    {
	        printf("密码正确，登录成功！\n");
	    }
	    else
	    {
	        printf("密码错误，无法登录！\n");
	    }
	    return 0;
	}
	``		

执行结果	1. 输入密码与预设密码一致： 请输入密码：123 密码正确，登录成功！ 2. 输入密码与预设密码不一致： 请输入密码：643 密码错误，无法登录！		

📂**任务评价**

任务编号	任务实现		代码规范性	综合素养
	任务点	评分		
3-1	定义变量存放数据			
	使用 if...else 语句构造条件：if(a>b)			
	根据条件成立与否输出最大值			
3-2	定义变量存放提前预设的密码和输入的密码			
	使用 if...else 语句构造条件：if(prepassword==password)			
	根据条件成立与否输出相应的提示信息			

填表说明：
1. 任务实现中每个任务点评分为 0～100。
2. 代码规范性评价标准为 A、B、C、D、E，对应优、良、中、及格和不及格。
3. 综合素养包括学习态度、学习能力、沟通能力、团队协作等，评价标准为 A、B、C、D、E，对应优、良、中、及格和不及格。

📂**总结与思考**

_____

_____

_____

任务 3.2　计价准确，分厘不差——if...else if 语句

📂**任务导语**

　　出租车的费用计算就像是一场独特的城市冒险游戏，每一公里都是通往新关卡的门户，到达终点后，支付的总金额就是城市冒险的代价。生活中我们有出租车计价器帮助计算，如果让我们用 C 语言编写一个简单的计价程序，该怎么实现呢？来看看我们的任务吧！

📂**任务单**

任务名称	计价准确，分厘不差	任务编号	3-3
任务描述	根据输入的里程数完成出租车计费，出租车计费标准如下：在 3 公里之内，单价：5 元；3 公里和 10 公里之间，每公里加收：2 元；超出 10 公里每公里加收：3 元	任务效果	计算出租车费用
任务目标	1. 了解 if...else if 语句的使用场景 2. 掌握 if...else if 语句的基本形式与用法		

知识导入

在前面的学习中，我们掌握了 if 条件语句的基本形式——单分支 if 语句和双分支 if...else 语句。然而现实问题中，我们有时需要处理条件的多种可能性问题。为了应对这类复杂的判断需求，C 语言提供了 if...else if 语句。if...else if 语句由多个表达式和对应的语句块构成，每个语句块中可以包含一条或多条执行语句，其语法格式如下：

if...else if 语句

```
if(表达式 1)
{
    语句块 1;
}
else if(表达式 2)
{
    语句块 2;
}
...
else if(表达式 n-1)
{
    语句块 n-1;
}
else
{
    语句块 n;
}
```

说明：

（1）"表达式"可以是任意的关系表达式、逻辑表达式或算术表达式，其值只有两种情况：真（非 0 值）或假（0）。

（2）若表达式 1 的值为真，则执行语句块 1；若为假，则计算表达式 2 的值，以此类推。当所有表达式的值都为假时，则执行语句块 n。

（3）if...else if 语句称为多重 if 结构，多个条件从前至后依次判断，当前一个表达式值为假时才会判断下一个表达式，当某个表达式值为真时，后面的所有表达式不再判断。if...else if 语句的流程图呈现出阶梯形状，也称为阶梯式 if 语句。

执行流程图如图 3-3 所示。

程序示例 3-3： 输入两个数，判断它们的大小关系。

```
#include <stdio.h>
int main() {
    int m,n;
    printf("请输入第一个数：");
    scanf("%d",&m);
    printf("请输入第二个数：");
    scanf("%d",&n);
    if(m>n)
```

```
        printf("%d>%d\n",m,n);
    else if(m==n)
        printf("%d=%d\n",m,n);
    else
        printf("%d<%d\n",m,n);
}
```

程序说明：两个数的大小关系有三种情况：大于、等于和小于，适合使用 if...else if 语句。

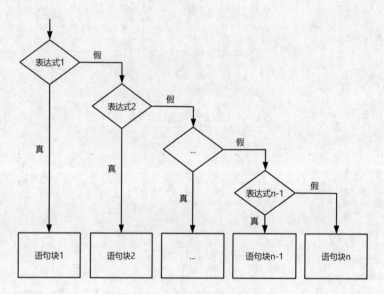

图 3-3   if...else if 语句流程图

📂**任务实现**

任务名称	计价准确，分厘不差	任务编号	3-3
任务分析	定义一个整型变量 distance，用于存放里程数，当公里数在 3 公里之内时，构造表达式 1：distance<=3，则车费为：5 元；当公里数在 3 和 10 公里之间时，构造表达式 2：distance>3 && distance <=10，则车费计算公式为：5+(distance-3)*2；当公里数超过 10 公里，则车费计算公式为：5+(10-3)*2+(distance- 10)*3	任务讲解	计算出租车费用
参考代码	```#include <stdio.h>int main(){ int distance,money; //里程数和车费 printf("请输入里程数： "); scanf("%d",&distance); if(distance<=3) //判断里程数是否小于等于 3 { money=5; }```		

参考代码	`else if(distance>3 && distance<=10)     //判断里程数是否在 3 和 10 之间`
	`{`
	`    money=5+(distance-3)*2;`
	`}`
	`else                     //判断里程数是否大于 10`
	`{`
	`    money=5+7*2+(distance-10)*3;`
	`}`
	`printf("车费为%d\n",money);`
	`return 0;`
	`}`

执行结果	1. 输入里程数小于等于 3 公里： 请输入里程数：2 车费为5 2. 输入里程数在 3～10 公里： 请输入里程数：7 车费为13 3. 输入里程数超过 10 公里： 请输入里程数：15 车费为34

📂任务拓展

任务名称	学生成绩等级分类	任务编号	3-4
任务描述	根据输入的某门课程成绩划分等级：成绩 85 分及以上，等级为优秀；成绩大于等于 70 且小于 85，等级为良；成绩大于等于 60 且小于 70，等级为中；否则等级为差	任务讲解	[QR code] 学生成绩等级分类
任务提示	定义一个浮点型变量 score，用于存放成绩，当成绩大于等于 85 时，构造表达式 1：score>=85，输出"等级为：优秀"；当成绩在 70 和 85 之间时，构造表达式 2：score>=70 && score<85，输出"等级为：良"，但由于 if...else if 语句的条件都是在前一个条件为假的基础上进行的判断，所以本条件可以简化为 score>=70；以此类推出后面的条件表达式		

参考代码	`#include <stdio.h>`
	`int main()`
	`{`
	`    float score;                //成绩`
	`    printf("请输入成绩：");`
	`    scanf("%f",&score);`
	`    if(score>=85)           //判断成绩是否大于等于 85`
	`    {`
	`        printf("等级为：优秀");`
	`    }`
	`    else if(score>=70)          //判断成绩是否介于 70 和 85 之间（<85 隐含在 else 当中）`		

| 参考代码 | ```c
        {
            printf("等级为：良");
        }
        else if(score>=60)        //判断成绩是否介于 60 和 70 之间
        {
            printf("等级为：中");
        }
        else{
            printf("等级为：差");
        }
        return 0;
}
``` |
|---|---|
| 执行结果 | 1. 输入成绩大于等于 85：

请输入成绩：87
等级为：优秀

2. 输入成绩在 70～85：

请输入成绩：73
等级为：良

3. 输入成绩在 60～70：

请输入成绩：65
等级为：中

4. 输入成绩低于 60：

请输入成绩：58
等级为：差 |

任务评价

任务编号	任务实现		代码规范性	综合素养
	任务点	评分		
3-3	定义变量保存里程数			
	根据不同的里程数构造不同的表达式			
	输出里程数对应的车费			
3-4	定义变量存放成绩			
	根据不同的成绩段构造不同的表达式			
	输出成绩对应的等级			

填表说明：
1. 任务实现中每个任务点评分为 0～100。
2. 代码规范性评价标准为 A、B、C、D、E，对应优、良、中、及格和不及格。
3. 综合素养包括学习态度、学习能力、沟通能力、团队协作等，评价标准为 A、B、C、D、E，对应优、良、中、及格和不及格。
```

📂**总结与思考**

任务 3.3　课程已定，未来可期——switch 语句

📂**任务导语**

在我们的校园生活中，经常会查看课表，看看今天该上什么课，那我们可不可以编写一个简易的课表查询程序，根据输入的星期值查询当天的课程安排，用 C 语言又该如何实现呢？来看看我们的任务吧！

📂**任务单**

任务名称	课程已定，未来可期		任务编号	3-5
任务描述	根据输入的星期值查询课程安排，其中 1 代表星期一，2 代表星期二，……，7 代表星期日		任务效果	课程查询
任务目标	1. 了解 switch 语句的使用场景 2. 掌握 switch 语句的基本形式和用法			

📂**知识导入**

在 C 语言中，除了 if…else if 语句能处理多种选择的情况外，switch 语句也是一种多分支语句，也能处理多重选择的情况。但 switch 语句只适用于整型或字符型变量的等值判断。即当程序中需要根据一个变量的不同取值来执行不同的操作时，switch 语句就能派上用场。它将表达式的值与每个 case 后的值进行匹配，一旦找到匹配的值就执行该 case 下的语句块。switch 语句在处理等值判断时代码更加简洁，可读性更强。

switch 语句

switch 语句的语法格式如下：

```
switch(表达式)
{
    case 常量表达式 1:
        语句块 1;
        [break;]
    case 常量表达式 2:
        语句块 2;
        [break;]
```

```
    ...
    case  常量表达式 n:
        语句块 n;
        [break;]
    default:
        语句块 n+1;
        [break;]
}
```

说明：

（1）switch 语句在执行时会首先计算"表达式"的值，其值只能是整数或字符型，然后将表达式的值依次与每个 case 后的常量表达式的值进行等值比较。若匹配成功，则 switch 语句会执行该 case 下的语句块。

（2）若 switch 语句遍历了所有 case 后的值都没有找到与表达式的值相匹配的值，则执行 default 下的语句块 n+1。

（3）break 语句在 switch 语句中是可选项，但在大部分情况下都是需要的，其主要原因是为了避免"贯穿"（fall-through）现象，即当某个 case 下的语句块执行完毕后，如果没有 break 语句，程序会继续执行下一个 case 下的语句块，直到遇到 break 语句或 switch 语句结束才终止。break 在 switch 语句中的核心作用就是确保程序在匹配到一个 case 后能够立即跳出 switch 语句，从而只执行与该 case 对应的语句块。

执行流程图如图 3-4 所示。

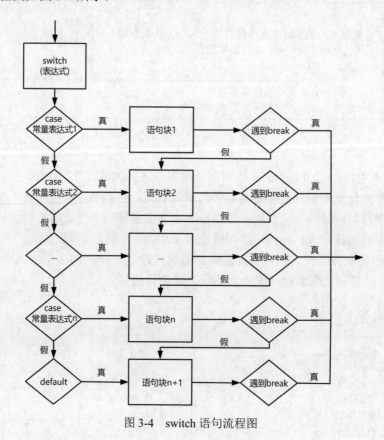

图 3-4　switch 语句流程图

程序示例 3-4： 根据菜单提示实现物联网智能家居的模拟演示。

```c
#include <stdio.h>
int main() {
    int choice;
    printf("请选择活动：\n");
    printf("1. 打开电视\n");
    printf("2. 打开灯\n");
    printf("3. 播放音乐\n");
    printf("4. 打开窗帘\n");
    printf("5. 关闭所有设备\n");
    printf("请输入你的选择（1～5）：");
    scanf("%d", &choice);
    switch (choice) {
        case 1:
            printf("电视已打开。\n");
            break;
        case 2:
            printf("灯已打开。\n");
            break;
        case 3:
            printf("音乐已开始播放。\n");
            break;
        case 4:
            printf("窗帘已打开。\n");
            break;
        case 5:
            printf("所有设备已关闭。\n");
            break;
        default:
            printf("无效的选择，请输入 1 到 5 之间的数字。\n");
            break;
    }
    return 0;
}
```

代码分析：

（1）用户交互：程序先打印出可选的活动列表，提示用户输入他们选择的数值并将其存储在变量 choice 中。

（2）switch 语句结构：switch 语句根据 choice 中的值来执行相应的 case 后的语句，每个 case 对应一种执行语句。

（3）default 处理：如果 choice 的值不在 1 到 5 的范围内，default 语句会被执行，输出提示：无效的选择，请输入 1 到 5 之间的数字。

（4）break 语句的使用：在每个 case 的末尾都使用了 break 语句，目的是阻止代码继续执行下一个 case 后的语句。如果不使用 break 语句，则一旦匹配到某个 case，程序将会持续执行下一个 case 后的语句，直到遇到 break 语句或 switch 语句结束。

📂**任务实现**

任务名称	课程已定，未来可期		任务编号	3-5
任务分析	定义一个整型变量 week，用于接收 1 和 7 之间的任意数值，switch 的判断表达式为 week，将 week 与每个 case 后的常量值进行等值比较。若匹配成功，则执行对应 case 后的语句块，输出当天的课表；若遍历了所有 case 后的常量值都没有找到与表达式值相匹配的值，则执行 default 后的语句块，提示输出：输入数值错误！！！		任务讲解	课程查询
参考代码	<pre>#include <stdio.h>
int main()
{
int week;   //星期值
printf("请输入一个 1～7 以内的整数：");
scanf("%d",&week);
switch (week)
{
case 1:
printf("星期一，C 语言程序设计和英语\n");
break;
case 2:
printf("星期二，高等数学和体育\n");
break;
case 3:
printf("星期三，思想政治和网络安全\n");
break;
case 4:
printf("星期四，大学语文和素质拓展\n");
break;
case 5:
printf("星期五，汉语言文学和平面设计\n");
break;
case 6:
printf("星期六，休息\n");
break;
case 7:
printf("星期日，计算机基础\n");
break;
default:
printf("输入数值错误！！！ \n");
break;
}
return 0;
}</pre>			

执行结果	1. 输入 1～7 的任意一个整数： 　请输入一个1-7以内的整数：6 　星期六，休息 2. 输入数值范围错误： 　请输入一个1-7以内的整数：8 　输入数值错误！！！

📂任务拓展

任务名称	简易计算器	任务编号	3-6
任务描述	输入两个整数和一个运算符，确定运算符类别，完成数值运算	任务讲解	简易计算器
任务提示	定义两个整型变量 numb1、numb2 和一个字符型变量 symbol，分别用于存放输入的两个数和运算符，构造表达式：symbol，将 symbol 与每个 case 后的值进行等值比较，若匹配成功，则执行相应 case 后的语句块；若所有匹配都无法成功，则执行 default 后的语句块。需要特别注意的是，当进行除法运算时，如果输入的除数为 0，则不能执行计算		

参考代码	<pre>#include <stdio.h>
	int main()
	{
	    int numb1,numb2,result; //定义三个变量保存参与计算的数据及结果
	    char symbol; //运算符
	    printf("请输入一个数值：");
	    scanf("%d",&numb1);
	    printf("请输入一个数值：");
	    scanf("%d",&numb2);
	    printf("请输入一个运算符：");
	    scanf(" %c",&symbol);
	    switch(symbol) //表达式
	    {
	        case '+':
	            result=numb1+numb2;
	            printf("%d+%d=%d\n",numb1,numb2,result);
	            break;
	        case '-':
	            result=numb1-numb2;
	            printf("%d-%d=%d\n",numb1,numb2,result);
	            break;
	        case '*':
	            result=numb1*numb2;
	            printf("%d*%d=%d\n",numb1,numb2,result);
	            break;
	        case '/':</pre>		

参考代码	```
	            if(numb2==0)
	                printf("除数不能为 0\n");
	            else
	            {
	                result=numb1/numb2;
	                printf("%d/%d=%d\n",numb1,numb2,result);
	            }
	            break;
	        default:
	            printf("运算符输入错误!!! \n");
	            break;
	    }
	    return 0;
	}
	``

执行结果	1.　输入正确的算术运算符： ``` 请输入一个数值：7 请输入一个数值：8 请输入一个运算符：+ 7+8=15 ``` 2.　输入错误的算术运算符： ``` 请输入一个数值：5 请输入一个数值：10 请输入一个运算符：# 运算符输入错误！！！ ```

🗀 任务评价

任务 编号	任务实现		代码 规范性	综合 素养
	任务点	评分		
3-5	定义变量保存星期值			
	构造 switch 的判断表达式：week			
	输出课表查询结果			
3-6	定义变量保存数据：运算符			
	考虑特殊情况：除法运算			
	输出计算结果			

填表说明：

1.　任务实现中每个任务点评分为 0～100。

2.　代码规范性评价标准为 A、B、C、D、E，对应优、良、中、及格和不及格。

3.　综合素养包括学习态度、学习能力、沟通能力、团队协作等，评价标准为 A、B、C、D、E，对应优、良、中、及格和不及格。

📁**总结与思考**

_____

_____

_____

任务 3.4　季度识别，季节立现——if 结构的嵌套

📁**任务导语**

一年 12 个月分为四个季度，每个季度对应不同的季节："一月至三月，春回大地；四月至六月，夏日炎炎；七月至九月，秋风送爽；十月至十二月，冬雪皑皑"。可以用 C 语言设计一个小程序识别季度，呈现季节吗？来看看我们的任务吧！

📁**任务单**

任务名称	季度识别，季节立现		任务编号	3-7
任务描述	根据月份值输出对应的季度及季节特点：1 到 3：春季，春回大地；4 到 6：夏季，夏日炎炎；7 到 9：秋季，秋风送爽；10 到 12：冬季，冬雪皑皑		任务效果	 季度识别
任务目标	掌握 if 结构嵌套的基本形式与用法			

📁**知识导入**

在 C 语言中，除了 if...else if 语句和 switch 语句能实现多种选择的情况，还支持各种 if 结构的嵌套，以实现更为复杂的逻辑判断和控制。C 语言允许在一个 if 语句中包含一个或多个 if 语句，称为 if 结构的嵌套，它的形式多样，方式灵活，无法一一举例，我们以 if...else 语句嵌套 if...esle 语句为例说明它的用法，如下：

if 结构的嵌套

```
if(表达式 1)          //外层 if
{
    if(表达式 2)      //内层 if
    {
        语句块 1;
    }
    else
    {
        语句块 2;
    }
```

```
    }
    else
    {
        if(表达式 3)
        {
            语句块 3;
        }
        else
        {
            语句块 4;
        }
    }
```

说明：

（1）若外层 if 表达式 1 值为真，则进入内层 if 表达式 2 的判断，若表达式 2 值为真，则执行语句块 1，否则执行语句块 2。

（2）若外层 if 表达式 1 值为假，则进入内层 if 表达式 3 的判断，若表达式 3 值为真，则执行语句块 3，否则执行语句块 4。

（3）if 的嵌套没有固定的格式，原则上，只要在任意 if 的语句块中包含了新的 if 语句，就是 if 的嵌套，嵌套层数原则上没有限制，但应避免过深的嵌套影响可读性、可维护性及产生栈溢出等错误。

执行流程图如图 3-5 所示。

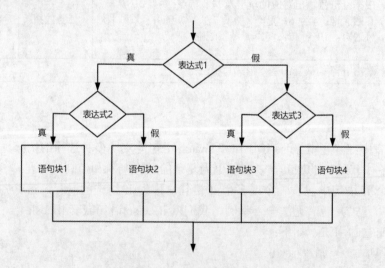

图 3-5　if 结构的嵌套流程图

程序示例 3-5：简易评价系统，根据成绩和出勤率对学生状态给出评价和建议。

```
#include <stdio.h>
int main() {
    int score;
    float attendanceRate;
    //获取学生的成绩和出勤率
```

```
        printf("请输入学生的成绩（0~100）：");
        scanf("%d", &score);
        printf("请输入学生的出勤率（0~100）%%：");
        scanf("%f", &attendanceRate);
        //检查成绩是否合格
        if (score >= 60)
        {
            printf("学生的成绩合格。\n");
            //如果成绩合格，进一步检查出勤率
            if (attendanceRate >= 80)
            {
                printf("学生的出勤率也很高，表现优秀！\n");
            }
            else
            {
                printf("学生的出勤率需进一步提高，加油！\n");
            }
        }
        else
        {
            printf("学生的成绩不合格，需要努力。\n");
            //对于成绩不合格的学生，出勤率的意义可能相对较小
            if (attendanceRate >= 80)
            {
                printf("尽管出勤率很高，但成绩仍需提升。\n");
            }
            else
            {
                printf("学生的成绩和出勤率都需要改进。\n");
            }
        }
        return 0;
}
```

代码分析：

（1）变量定义：定义了两个变量 score 和 attendanceRate，分别用于存储学生的成绩和出勤率。

（2）条件判断：使用一个 if 语句来检查学生的成绩是否达到 60 分（假设 60 分是及格线）。

（3）嵌套语句：如果成绩合格，进入另外一个嵌套的 if 语句，这个 if 语句用来检查学生的出勤率。出勤率高于 80% 被认为是高出勤率，低于 80% 被认为是低出勤率。

（4）输出结果：根据条件判断的结果输出相应的信息，如果学生成绩合格且出勤率高输出："学生的成绩合格。"和"学生的出勤率也很高，表现优秀！"；如果学生成绩合格且出勤率低输出："学生的成绩合格。"和"学生的出勤率需进一步提高，加油！"；如果学生成绩不合格且出勤率高输出："学生的成绩不合格，需要努力。"和"尽管出勤率很高，

但成绩仍需提升。"；如果学生成绩不合格且出勤率低输出："学生的成绩不合格，需要努力。"和"学生的成绩和出勤率都需要改进。"

（5）逻辑结构：if 嵌套语句的逻辑结构是"先外后内"，即首先判断外部条件（是否成绩合格），如果满足则进入内部条件（出勤率情况）的判断。这种结构使得可以根据多个条件进行更细致的逻辑判断。

📂**任务实现**

任务名称	季度识别，季节立现		任务编号	3-7
任务分析	定义一个整型变量 month，用于存放输入的月份值，构造表达式 1：month>12||month<1，当表达式为真时，表示月份不在 1 和 12 之间，则提示输出：月份输入错误！；为假则进行内层 if 条件判断：若表达式 2：month> =1 &&month<=3 为真，表示月份值在 1 和 3 之间，输出：春季，春回大地；否则继续判断表达式 3：month>=4 && month<=6，若为真时，表示月份值在 4 和 6 之间，输出：夏季，夏日炎炎；否则继续判断表达式 4：month>=7 && month<=9，若为真，表示月份值在 7 和 9 之间，输出：秋季，秋风送爽；最后，当以上条件均不满足时，表示月份值在 10 和 12 之间，输出：冬季，冬雪皑皑		任务讲解	季度识别
参考代码	```c#include <stdio.h>int main(){ int month; //定义变量存储月份 printf("请输入月份："); scanf("%d",&month); if(month>12||month<1) printf("月份输入错误！"); else { if(month>=1&&month<=3) //春季判断 { printf("春季，春回大地\n"); } else if(month>=4 && month<=6) //夏季判断 { printf("夏季，夏日炎炎\n"); } else if(month>=7 && month<=9) //秋季判断 { printf("秋季，秋风送爽\n"); } else { printf("冬季，冬雪皑皑\n"); } } return 0;}```			

执行结果	1．输入 1～12 中的任意一个月份值： 请输入月份：6 夏季，夏日炎炎 2．输入月份值范围错误： 请输入月份：13 月份输入错误！

📁 任务拓展

任务名称	根据月份值查询该月的天数	任务编号	3-8
任务描述	输入月份和年份，查询该月份的天数。若月份不在 1～12 范围内，提示输出："月份输入错误！"，反之输出对应月份的天数	任务讲解	根据月份查询天数
任务提示	1．定义两个整型变量 month 和 year，分别用于存放输入的月份值和年份值 2．构造表达式 1：month>12||month<1，判断月份值不在 1 和 12 之间，给出月份输入错误的提示，否则构造判断表达式 2：month==2，对 2 月作单独判断及表达式 3：month==4||month==6||month==9||month==11，判断月份的大小月 3．在 2 月的判断中，构建内层表达式：year%400==0||(year%4==0&&year%100!=0)，判断闰年还是平年，它们 2 月的天数不一样		
参考代码	```#include <stdio.h>
int main()
{
int month,year,days;   //月份、年份和天数
printf("请输入年份：");
scanf("%d",&year);
printf("请输入月份：");
scanf("%d",&month);
if(month>12||month<1)
{
printf("月份输入错误！\n");
}
else if(month==2)
{
if(year%400==0||(year%4==0&&year%100!=0))   //闰年判断
{
days = 29;
}
else
{
days = 28;
}
printf("%d 年%d 月有%d 天\n",year,month,days);
}
else if(month==4||month==6||month==9||month==11)
``		
```

参考代码	<pre> {
	        days = 30;
	        printf("%d 年%d 月有%d 天\n",year,month,days);
	    }
	    else
	    {
	        days = 31;
	        printf("%d 年%d 月有%d 天\n",year,month,days);
	    }
	    return 0;
	}</pre>

执行结果	1. 输入 1～12 中的任意一个月份值： 　　请输入年份：2035 　　请输入月份：2 　　2035年2月有28天 2. 输入月份值范围错误： 　　请输入年份：2035 　　请输入月份：15 　　月份输入错误！

📂任务评价

任务编号	任务实现		代码规范性	综合素养
	任务点	评分		
3-7	定义变量保存月份			
	使用 if...else 语句嵌套 if...else if 语句以及构造不同的条件表达式			
	输出月份对应的季度			
3-8	定义变量保存月份和年份			
	使用 if...else if 语句嵌套 if...else 语句以及构造不同的条件表达式			
	输出月份的大数			

填表说明：

1. 任务实现中每个任务点评分为 0～100。

2. 代码规范性评价标准为 A、B、C、D、E，对应优、良、中、及格和不及格。

3. 综合素养包括学习态度、学习能力、沟通能力、团队协作等，评价标准为 A、B、C、D、E，对应优、良、中、及格和不及格。

📂总结与思考

项目任务 1　学生成绩管理系统：菜单的选择与 GPA 的计算

📁**任务导语**

在前面的项目任务中，已经完成了学生成绩管理系统各菜单的显示，但菜单的选择功能尚未实现。在学习了选择结构语句以后，就能实现上述内容。

📁**任务单**

任务要求	学生成绩管理系统项目中各菜单的选择和学生 GPA 的计算	任务编号	3-9
任务描述	1. 实现学生系统中主菜单的选择 2. 实现学生系统中教师端菜单的选择 3. 实现学生系统中学生端菜单的选择 4. 实现学生 GPA 的计算	任务讲解	学生成绩管理系统菜单选择和 GPA 计算
任务目标	学生成绩管理系统中各菜单的选择和学生 GPA 的计算，通过使用选择语句来实现上述功能		

📁**任务分析**

在上一模块中，已经完成了学生成绩管理系统中主菜单、教师端菜单和学生端菜单的显示。通过本模块的学习，我们使用选择结构来实现主菜单、教师端菜单、学生端菜单的选择和学生 GPA 的计算。

📁**任务实现**

1. 主菜单选择

本案例中共有两级三个菜单，分别为第一级主菜单、第二级教师端菜单和学生端菜单。在一级主菜单中根据提示内容输入不同数字选择进入相应的二级菜单。键盘输入数值 1，进入教师端；输入数值 2，进入学生端。

```c
#include <stdio.h>
int main()
{
    printf("=====================================\n");
    printf("     欢迎来到学生成绩管理系统        \n");
    printf("      1. 教师端                      \n");
    printf("      2. 学生端                      \n");
    printf("      3. 退出                        \n");
    printf("=====================================\n");
    printf("[请输入数字选择菜单] ");
    int menu_input;    //记录菜单选择参数
```

```
        scanf("%d", & menu_input);
        printf("================================\n");
        switch (menu_input)
        {
            case 1:    //选择教师端
                printf("老师您好，已登录教师端：\n");
                break;
            case 2:    //选择学生端
                printf("同学您好，已登录学生端：\n");
                break;
            case 3:    //退出系统
                printf("\n[exit]感谢您的使用，已退出！\n");
            default:    //输入异常
                printf("\n[warn]请重新选择!\n");
        }
}
```

2. 教师端菜单的选择

本案例展示了教师端菜单的选择，在教师端菜单中根据提示内容输入不同数字选择进入相应的模块功能。

```
#include <stdio.h>
int main()
{
        printf("================================\n");
        printf("    学生成绩管理系统——教师端      \n");
        printf("        1．添加学生成绩           \n");
        printf("        2．打印学生成绩           \n");
        printf("        3．查询学生成绩           \n");
        printf("        4．修改学生成绩           \n");
        printf("        5．删除学生成绩           \n");
        printf("        6．排序学生成绩           \n");
        printf("        7．返回上级菜单           \n");
        printf("        8．退出系统              \n");
        printf("================================\n");
        printf("请选择要执行的操作：");
        int menu_input;
        scanf("%d", & menu_input);
        switch (menu_input)
        {
            case 1:
                printf("请添加学生成绩");
                break;
            case 2:
                printf("打印成绩单");
                break;
            case 3:
```

```
            printf("查询学生成绩");
            break;
        case 4:
            printf("修改学生成绩");
            break;
        case 5:
            printf("删除学生成绩");
            break;
        case 6:
            printf("排序学生成绩");
            break;
        case 7:
            printf("返回主菜单");
            break;
        case 8:
            printf("\n[exit]感谢您的使用，系统已退出！\n");
            exit(0);
        default:
            printf("\n[warn]请重新选择！\n");
        }
}
```

3. GPA 的计算

本案例展示了学生 GPA 的计算过程。根据提示内容，输入学生的信息包括 C 语言、Java、MySQL 的成绩，完成全部课程的平均 GPA 计算，首先需要对单科 GPA 进行计算，计算方法为：如果该科成绩大于 60（合格），该科目的 GPA=(单科分数- 50) / 10；若成绩小于 60（不合格），则该科目的 GPA=0，最后按照平均 GPA 的计算公式：各科的学分*对应科目的 GPA 后相加之和再除以各科学分之和，从而计算得到该学生的平均 GPA。

```c
#include <stdio.h>
int main()
{
    float c_grade, java_grade, mysql_grade, gpa, sum, avg, c_gpa, java_gpa, mysql_gpa;
    printf("==============================\n");
    printf("请输入要添加学生的成绩：\n");
    printf("C 语言：");
    scanf("%f", & c_grade);
    printf("Java：");
    scanf("%f", & java_grade);
    printf("MySQL：");
    scanf("%f", & mysql_grade);
    sum = c_grade + java_grade + mysql_grade;
    avg = (c_grade + java_grade + mysql_grade) / 3;
    if (c_grade < 60)
        c_gpa = 0;
    else
```

```
            c_gpa = (c_grade - 50) / 10;
    if (java_grade < 60)
            java_gpa = 0;
    else
            java_gpa = (java_grade - 50) / 10;
    if (mysql_grade < 60)
            mysql_gpa = 0;
    else
            mysql_gpa = (mysql_grade - 50) / 10;
    //平均 GPA 计算（学分 c 6　java 4　mysql 4）
    gpa = (6 * c_gpa + 4 * java_gpa + 4 * mysql_gpa) / (6 + 4 + 4);
    printf("--------------------------------------------------\n");
    printf("C\tJava\tMySQL\t 总分\t 平均分\t 绩点\n");
    printf("--------------------------------------------------\n");
    printf("%.0f\t%.0f\t%.0f\t%.1f\t%.1f\t%.1f\n",c_grade, java_grade, mysql_grade, sum, avg, gpa);
    return 0;
}
```

有了上面的示例，自己试着做一下学生端菜单的选择吧！

4. 学生端菜单的选择

📂 **测试验收单**

项目任务	任务实现		代码规范性	综合素养
	任务点	评分		
学生成绩管理系统	主菜单的选择及信息反馈			
	教师端菜单的选择及信息反馈			
	学生端菜单的选择与信息反馈			
	学生 GPA 的计算			

填表说明：
1. 任务实现中每个任务点评分为 0～100。
2. 代码规范性评价标准为 A、B、C、D、E，对应优、良、中、及格和不及格。
3. 综合素养包括学习态度、学习能力、沟通能力、团队协作等，评价标准为 A、B、C、D、E，对应优、良、中、及格和不及格。

📂 **总结与思考**

_____

_____

_____

_____

项目任务 2　物联网应用中的 C 程序：BMI 值点亮健康红绿灯

📂 **任务导语**

　　在前面的项目任务中，已经成功实现了人体体质指数（BMI）的计算，然而仅靠 BMI 数值本身并不能直接反映个体的具体健康状态或潜在风险。因此，为了更好地评估个体身体状态，需要对 BMI 值进行区间判断并给出相应的提示信息。在学习了选择结构以后，就能实现上述功能。

📂 **任务单**

任务名称	BMI 值点亮健康红绿灯	任务编号	3-10
任务描述	根据 BMI 的值进行区间判断并给出相应的信号灯提示	任务讲解	BMI 值点亮健康红绿灯
任务目标	通过选择语句来实现 BMI 值的区间判断并点亮相应的信号灯		

📂 任务分析

在上一模块的项目任务中，已经完成了人体体质指数（BMI）的计算。但 BMI 值是怎么评价我们的体质的呢？国际上比较通用的标准是：18.5≤BMI<25，被认为是健康的体重范围；25≤BMI<30，超重，需要警惕；30≤BMI<35，Ⅰ度肥胖，警告；BMI≥35，Ⅱ度肥胖，严重警告。通过本模块的学习后，能使用选择结构来实现对 BMI 值进行判断并给出相应的信号灯提示：当 BMI 值在 18.5 和 25 之间时，信号灯绿灯亮；当 BMI 值在 25 和 30 之间时，信号灯黄灯亮；当 BMI 值在 30 和 35 之间时，信号灯红灯亮；当 BMI 值大于 35 时，所有灯（绿灯、黄灯和红灯）全部亮，从而给出健康提示。

📂 任务实现

项目实现的部分参考代码：

```
**********************************************************************************
if(bmi > 18.5 && bmi < 25)
        SetLed("ON",GREEN);          //信号灯亮绿灯
  else if(bmi >= 25 && bmi < 30)
        SetLed("ON",YELLOW);         //信号灯亮黄灯
  else if(bmi >= 30 && bmi < 35)
        SetLed("ON",RED);            //信号灯亮红灯
  else if(bmi >= 35)
        SetLed("ON",ALL_LED);        //点亮所有信号灯
  else
        SetLed("OFF",ALL_LED);       //关闭所有信号灯
```

本案例展示了根据 BMI 值进行区间判断并给出相应的信号灯提示。

说明：

（1）将上述程序在 remid.cpp 的 BmiInformationDisplay()函数内完成编写，编译下载到硬件中。

（2）SetLed()函数的作用是点亮或熄灭对应的信号灯，其中包含两个参数。第一个参数有两个取值分别是"ON"和"OFF"，当为"ON"时，表示信号灯亮；为"OFF"时，表示信号灯灭。第二个参数的取值有 4 个，分别为"GREEN"，表示绿灯；"YELLOW"，表示黄灯；"RED"，表示红灯；"ALL_LED"，表示所有灯。

（3）当触发 ATF 屏上的"身质监测"按钮时将实现信号灯分级提示。

📂 总结与思考

_____

_____

_____

_____

素质拓展——选择与人生

在程序中我们可以通过选择结构控制程序的流程，而我们的人生道路也处处面临选择。

在中国的计算机"江湖"上有这样一个人：李俊。他凭借自己对计算机的喜爱和热情，自学了计算机编程技术。2006 年，李俊编写了一款破坏力极大的计算机病毒"熊猫烧香"，破坏数据和系统、窃取信息并快速传播，在短短的几个月时间里感染了数百万台计算机，给整个社会带来极大的损失和危害。李俊在 2007 年被捕入狱，以破坏计算机信息系统罪被判处 4 年有期徒刑。当时新闻一出，很多人都在为李俊惋惜。这样一个天才，如果不是走错路，估计以后能在计算机领域大有作为。

李俊的故事给我们带来了深刻的反思。在人生的道路上，我们会不断地面临选择，这些选择或大或小，但都可能对我们的未来产生深远影响。

首先，从技术的角度上来看，李俊确实展现了出色的编程才华。然而，技术是把双刃剑，它既可以用于创新和进步，也可以被用于破坏和犯罪。因此，我们必须学会正确使用技术，坚守道德和法律的底线。

其次，从人生的角度上来看，李俊的选择给我们敲响了警钟。在人生的旅途中，我们会遇到许多十字路口，需要我们作出决策。这些决策不仅会影响我们的个人命运，还可能对社会产生深远影响。因此，我们必须谨慎思考、权衡利弊，作出理智和正确的选择。

习　题　3

一、选择题

1. 运行程序，输出结果为（　　）。

```
int a=8,b=6,m=1;
switch(a%4)
{
    case 0:m++;break;
    case 1:m++;
}
printf("%d",m);
```

  A. 1　　　　　　　　B. 2　　　　　　　　C. 3　　　　　　　　D. 4

2. 运行程序，从键盘分别输入 2 和 3，则输出结果为（　　）。

```
int x;
scanf("%d",&x);
if (x++>2)
{
    printf("%d",x);
}
```

```
else
{
    printf("%d",x--);
}
```

  A．3 和 4   B．2 和 4   C．1 和 4   D．2 和 3

3．C 语言中的 switch 语句，case 后（ ）。

  A．只能是常量

  B．只能是常量或常量表达式

  C．可为常量表达式或有确定值的变量及表达式

  D．可为任何量或表达式

4．下列关键字中不能用于 switch 语句的是（ ）。

  A．break   B．case   C．for   D．default

5．下列选项中 if 语句使用正确的是（ ）。

  A．if(a==b) c++   B．if(a=<) c++

  C．if(a=>) c++   D．if(a<>b) c++

6．下列程序中共出现（ ）次语法错误。

```
int a,b;
scanf("%d",a);
b=2a;
if(b>0)
{
    printf("%b",b)
}
```

  A．1   B．2   C．3   D．4

7．下列表达式中能表示 x 为偶数的是（ ）。

  A．x%2==0 B．x%2==1 C．x%2   D．x%2!=0

8．运行程序，输出结果为（ ）。

```
int x=1,y=0,a=0,b=0;
switch(x)
{
    case 1:
        switch(y)
        {
            case 0:a++;break;
            case 1:b++;break;
        }
    case 2:
        a++;b++;break;
}
printf("a=%d, b=%d",a,b);
```

  A．a=2，b=1   B．a=1，b=1

  C．a=2，b=2   D．a=1，b=0

9．当 a=1，b=2，c=3 时，运行程序后，a、b、c 的值分别为（　　）。

```
if(a>c)
{
    b=a;a=c;c=b
}
```

A．1、2、3　　　　B．3、2、1　　　　C．1、3、2　　　　D．2、1、3

二、判断题

1．switch 语句和 if 条件语句无法转换。　　　　　　　　　　　　　　（　　）

2．if 条件语句包含了简单 if 语句、if...else 语句和 if...else if 语句。　（　　）

3．switch 条件语句中，default 语句用于处理所有 case 后的值都不匹配的情况。

（　　）

4．break 语句可用于 switch 语句中。　　　　　　　　　　　　　　　（　　）

三、编程题

1．输入一个正整数，判断是否能被 17 整除，如果可以输出 1，否则输出 0。

2．编写一个程序，根据年利润提成计算企业发放的年度奖金。利润低于或等于 10 万元的部分，奖金按 10%提取；利润高于 10 万元，低于或等于 20 万元的部分，奖金按 7.5%提取；20 万到 40 万之间的部分，可提成 5%；40 万到 60 万之间的部分，可提成 3%；60 万到 100 万之间的部分，可提成 1.5%；超过 100 万元的部分，按 1%提成。

3．编写一个程序实现"根据 x 的值计算 y 值"：

$$y = \begin{cases} -1 & (x < 0) \\ 0 & (x = 0) \\ 0 & (x > 0) \end{cases}$$

4．键盘输入三个整数，求最大值并输出结果。（使用嵌套结构）

5．给定百分制成绩，要求输出成绩等级。90 分以上为'A'，80～89 分为'B'，70～79 分为'C'，60～69 分为'D'，60 分以下为'E'。

模块 4 循环结构程序设计

知识目标

- 理解循环结构的基本原理与流程。
- 熟练使用 while 循环、do-while 循环和 for 循环。
- 掌握循环控制语句的使用。
- 掌握嵌套循环结构。

模块导读

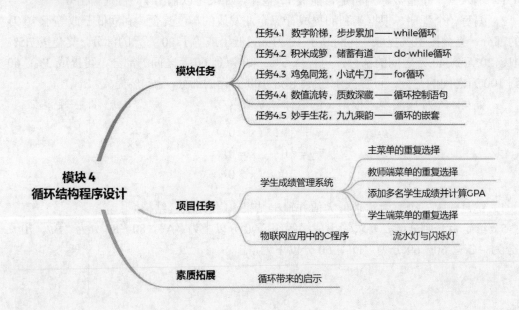

模块任务
- 任务4.1 数字阶梯，步步累加——while循环
- 任务4.2 积米成箩，储蓄有道——do-while循环
- 任务4.3 鸡兔同笼，小试牛刀——for循环
- 任务4.4 数值流转，质数深藏——循环控制语句
- 任务4.5 妙手生花，九九乘韵——循环的嵌套

模块 4 循环结构程序设计

项目任务
- 学生成绩管理系统
  - 主菜单的重复选择
  - 教师端菜单的重复选择
  - 添加多名学生成绩并计算GPA
  - 学生端菜单的重复选择
- 物联网应用中的C程序
  - 流水灯与闪烁灯

素质拓展
- 循环带来的启示

任务 4.1 数字阶梯，步步累加——while 循环

任务导语

在以前的学习中，大家都应该做过 1+2+3+…这类的题目，解题方式也是多种多样，像数小棍、高斯公式……那么在 C 语言中是怎样解决这类问题的呢？来看看我们的任务吧！

📁**任务单**

任务名称	数字阶梯，步步累加	任务编号	4-1
任务描述	以累加求和的方式计算 1～100 之和	任务效果	 1～100 之和
任务目标	1. 了解循环结构的分类 2. 掌握 C 语言中 while 循环的结构和用法		

📁**知识导入**

一、循环结构简介

在实际应用中，可能需要重复执行同一块代码，那这部分代码需要重复编写吗？回答是不用，C 语言中提供了循环结构实现代码编写一次，执行多次。

在 C 语言中，常见的循环结构有 while 循环、do-while 循环和 for 循环，它们适用于不同的应用场景，下面先来介绍 while 循环。

while 循环

二、while 循环

while 循环是一种先判断循环条件，再执行循环体的循环。

语法结构：

```
while(条件)
{
    循环体语句;
}
```

执行过程：当程序进入 while 结构时，会首先对条件进行判定，如果条件成立，则执行一次循环体内部代码，执行结束后再次对条件进行判定……直到条件不成立，循环中止，程序继续向下执行。

while 循环的执行流程如图 4-1 所示。

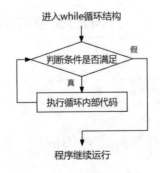

图 4-1　while 循环结构示意图

程序示例 4-1：打印输出 1～100 的每个数。

```
#include <stdio.h>
int main()
{
    int i=1;                    //循环变量 i，初值为 1
    printf("开始进行 1～100 的打印：\n");
    while(i<=100)               //设置循环条件
    {
        printf("%5d",i);       //在循环中打印 i 值，每个数字占 5 位
        i=i+1;                  //循环变量 i=原值+1
    }
    printf("\n 打印结束");
    return 0;
}
```

📂任务实现

任务名称	数字阶梯，步步累加	任务编号	4-1
任务分析	1. 循环变量 i 控制循环从 1 开始，到 100 结束 2. 变量 sum 用于存储累加和，在每次循环时向变量 sum 中累加循环变量 i 的值	任务讲解	1～100 之和

参考代码	`#include <stdio.h>`
	`int main()        //声明主函数`
	`{`
	`    int i=1;        //循环变量 i，初值为 1`
	`    int sum=0;      //sum 用于存储累加求和的结果，初值为 0`
	`    while(i<=100)   //循环条件`
	`    {`
	`        sum=sum+i;  //每次循环，sum 的值在原值基础上加上 i`
	`        i=i+1;      //循环变量 i 值在原有基础上+1`
	`    }`
	`    printf("1+2+…+100 之和为：%d",sum);`
	`    return 0;`
	`}`		

执行结果	1+2+…+100之和为：5050		

📂任务拓展

任务名称	计算 n 的阶乘	任务编号	4-2
任务描述	根据输入的正整数 n 值计算 n 的阶乘并输出	任务讲解	n 的阶乘

任务分析	一个正整数 n 的阶乘=n*(n-1)*(n-2)*…*3*2*1，在计算阶乘时： 1. 根据输入的 n 值设计循环，循环变量初值为 n，终值为 1，每循环一次减 1 2. 定义存放阶乘的变量 fac，初值为 1，每次循环时将循环变量的值累乘到 fac

参考代码	```c
	#include <stdio.h>
	int main()
	{
	    int n;
	    int fac=1; //变量 fac 用于保存阶乘，阶乘是累乘求积，初值为 1
	    printf("\n 请输入需要计算阶乘的数： ");
	    scanf("%d",&n);
	    printf("%d!=",n);
	    while(n>0) //累乘求积的 n 值从 n 递减到 1
	        {
	            printf("%d*",n); //输出累乘过程中的每个数
	            fac=fac*n; //每次循环中将现有的 n 值乘到 fac 中
	            n=n-1; //每循环一次，n 值递减
	        }
	    printf("\b-%d\n",fac); //输出阶乘值，\h 用于退格，删除最后一个 *
	}```

执行结果	请输入需要计算阶乘的数： 5 5!=5*4*3*2*1=120

📂任务评价

任务编号	任务实现		评分	代码规范性	综合素养
	任务点	评分			
4-1	设置变量用于存储最终结果				
	设置 1~100 的 while 循环结构				
	在循环内部进行累加并输出				
4-2	了解阶乘的概念并设置相应变量				
	根据需求设计出相应循环结构				
	在循环内部计算阶乘并输出				

填表说明：
1. 任务实现中每个任务点评分为 0~100。
2. 代码规范性评价标准为 A、B、C、D、E，对应优、良、中、及格和不及格。
3. 综合素养包括学习态度、学习能力、沟通能力、团队协作等，评价标准为 A、B、C、D、E，对应优、良、中、及格和不及格。

📂总结与思考

任务 4.2　积米成箩，储蓄有道——do-while 循环

📁任务导语

小明计划存 200 元钱买手办。他准备第 1 天存 1 元，第 2 天存 2 元，以此类推，每天都比前一天多存 1 元，那他什么时候能存够 200 元呢？来看看我们的任务吧！

📁任务单

任务名称	积米成箩，储蓄有道	任务编号	4-3
任务描述	小明第 1 天存 1 元，以后每天比前一天多存 1 元，编写程序帮小明计算多少天后可以存够 200 元	任务效果	 多久存够 200 元
任务目标	1. 掌握 C 语言中 do-while 循环的结构和用法 2. 掌握 while 循环与 do-while 循环的区别		

📁知识导入

与 while 循环类似，do-while 语句也是根据条件重复执行循环体语句。但是与 while 结构不同的是，do-while 循环是先循环、再判断，循环条件放在循环体的后面。

do-while 循环

do-while 循环的基本语法：

```
do
{
    循环体语句;
}while(判断条件);
```

执行过程：先执行循环体内语句，再判断循环条件，如果条件为真，继续循环，条件为假，退出循环。do-while 循环的流程如图 4-2 所示。

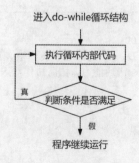

图 4-2　do-while 循环结构示意图

do-while 循环与 while 循环最大的区别在于条件判断的位置不同。while 循环的条件判断位于循环体之前，执行顺序是先判断后执行，如果一开始条件就为假，循环可能一次也

不执行。而 do-while 循环的条件位于循环体之后，程序流程是先执行后判断，无论条件判断结果如何，循环体都至少执行一次。

程序示例 4-2： 用 do-while 循环实现计算 1～100 内的奇数和。

```c
#include <stdio.h>
int main()
{
    int i=1;              //声明循环变量并赋初值为 1
    int sum=0;            //sum 用于存储计算结果，初值为 0
    do
    {
        if(i%2!=0)        //判断是否为奇数
        {
            sum=sum+i;    //奇数进行累加
        }
        i=i+1;            //循环变量自增 1
    }while(i<=100);       //循环条件判断
    printf("1～100 的奇数之和为：%d",sum);
    return 0;
}
```

📂 **任务实现**

任务名称	积米成箩，储蓄有道	任务编号	4-3
任务分析	1. 小明每天都要存钱，而且每天存入的金额有规律，可以使用循环结构 2. 本任务可设计为先存钱再判断是否存够 200 元，选择使用 do-while 循环	任务讲解	多久存够 200 元

参考代码	<pre>#include <stdio.h>
	int main()
	{
	    int money=1; //每天存入的金额，初值为 1
	    int sum_money=0; //存钱总额，初值为 0
	    int day=0; //天数
	    do
	    {
	        sum_money=sum_money+money; //累加存钱
	        day++; //天数+1
	        money++; //存入的金额+1
	    }while(sum_money<200); //没有存够 200 元就继续循环
	    printf("小明存了%d 天后存了%d 元钱\n",day,sum_money);
	    return 0;
	}</pre>		

执行结果	小明存了20天后存了210元钱		

📂 任务拓展

任务名称	输出"水仙花数"		任务编号	4-4
任务描述	水仙花数是一个三位的整数，如果它的每一位数字的立方之和等于它自身，那么它就是一个水仙花数，如 153 就是一个水仙花数，因为 $153=1^3+5^3+3^3$		任务讲解	
				输出"水仙花数"
任务分析	1. 水仙花数是三位整数，循环变量取值范围为 100～999 2. 水仙花数的判断需要分解每一位数字，需要使用/和%运算符			

参考代码	```c
	#include <stdio.h>
	int main()
	{
	    int n=100; //n 为循环变量，初值为 100，终值为 999
	    int ge; //个位
	    int shi; //十位
	    int bai; //百位
	    printf("水仙花数有：\n");
	    do
	    {
	        ge=n%10; //分解出个位数
	        shi=n/10%10; //分解出十位数
	        bai=n/100; //分解出百位数
	        if(ge*ge*ge+shi*shi*shi+bai*bai*bai==n)
	            printf("%d\t",n);
	        n++;
	    }while(n<=999);
	    return 0;
	}
	``			

执行结果	水仙花数有： 153 370 371 407			

📂 任务评价

任务编号	任务实现		代码规范性	综合素养
	任务点	评分		
4-3	定义变量保存每天存入的钱数、存钱天数及循环变量			
	设计符合题意的 do-while 循环结构			
	循环结束后输出最终结果			
4-4	了解水仙花数的概念并设置相应变量			
	设计从 100 到 999 的 do-while 结构			
	设计循环体，在得到符合要求的结果后进行输出			

填表说明：

1. 任务实现中每个任务点评分为 0～100。

2. 代码规范性评价标准为 A、B、C、D、E，对应优、良、中、及格和不及格。

3. 综合素养包括学习态度、学习能力、沟通能力、团队协作等，评价标准为 A、B、C、D、E，对应优、良、中、及格和不及格。

📁 **总结与思考**

_____

_____

_____

_____

任务 4.3　鸡兔同笼，小试牛刀——for 循环

📁 **任务导语**

　　鸡兔同笼问题是中国古代一个经典的趣味数学题，《孙子算经》中记载了这样一道题目："今有雉兔同笼，上有三十五头，下有九十四足，问鸡兔各几只？"大家知道怎么求解吗，用 C 程序又该如何实现呢？来看看我们的任务吧！

📁 **任务单**

任务名称	鸡兔同笼，小试牛刀		任务编号	4-5
任务描述	现把鸡和兔放在一个笼子里，上面数一共有 35 个头，下面数有 94 只脚，请问鸡兔各有多少只		任务效果	 鸡兔同笼
任务目标	1. 掌握 for 循环的格式和用法 2. 灵活运用 for 循环结构实现循环			

📁 **知识导入**

　　C 语言中的 for 循环是使用最多、最灵活的一种循环，常用于循环次数已知的情况。

for 循环

语法结构：

```
for(表达式 1;表达式 2;表达式 3)
{
    循环体
}
```

执行过程：

　　（1）执行表达式 1，表达式 1 一般用于对循环变量赋初值，只执行一次，如果在 for 语句之前已经为循环变量赋了初值，则表达式 1 可以省略。

（2）判断表达式 2，表达式 2 是循环条件判断，条件为真执行循环体，条件为假退出循环。

（3）执行表达式 3，表达式 3 一般是赋值语句，用于修改循环变量的值，每执行完一次循环体，程序就会转去执行表达式 3，更新循环变量的值，然后再去判断表达式 2 的值，周而复始，直到循环条件为假退出循环，程序继续向下执行。

for 循环流程图如图 4-3 所示。

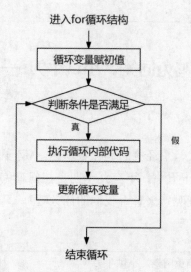

图 4-3　for 循环结构流程图

程序示例 4-3：用 for 循环实现从 1 打印到 100。

```c
#include <stdio.h>
int main()
{
    int i;
    for(i=1;i<=100;i++)        //循环变量 i 初值为 1，终值为 100，每次循环递增 1
    {
        printf("%d ",i);       //打印 i 值
    }
    return 0;
}
```

📂任务实现

任务名称	鸡兔同笼，小试牛刀	任务编号	4-5
任务分析	C 语言解决鸡兔同笼常用算法是穷举法：就是通过列举所有可能的情况来寻找问题的解决方案，本任务假设鸡的数量是 chickens 只，那穷举每一个可能的鸡的范围为 0～35，兔子的数量 rabbits=总头数-chickens 只，逐个判断鸡兔的数量是否满足 chickens*2+ rabbits*4=脚数，即可得到答案，而穷举的过程用循环来实现	任务讲解	鸡兔同笼

参考代码	`#include <stdio.h>`
	`int main()`
	`{`
	　　`int chickens,rabbits;`
	　　`for(chickens=0;chickens<=35;chickens++)` //用鸡的数量做穷举
	　　`{`
	　　　　`rabbits=35-chickens;` //兔子的数量
	　　　　`if(chickens*2+rabbits*4==94)` //判断脚的数量是否符合条件
	　　　　　　`printf("\n 鸡有%d 只，兔子有%d 只\n",chickens,rabbits);`
	　　`}`
	　　`return 0;`
	`}`

执行结果	鸡有23只，兔子有12只

📁 任务拓展

任务名称	输出斐波那契数列的前 10 个数	任务编号	4-6
任务描述	斐波那契数列的前 10 个数是 1,1,2,3,5,8,13,21,34,55	任务讲解	斐波那契数列
任务提示	斐波那契数列，又称黄金分割数列，是由意大利数学家莱昂纳多·斐波那契提出的。这个数列可以从非常简单的起始条件开始描述：前两个数字是 1，接下来的每个数字都是其前两个数字的和。这是有规律的，可以通过循环实现斐波那契数列的输出		

参考代码	`#include <stdio.h>`
	`int main()`
	`{`
	　　`int f1=1,f2=1;` //f1 为第 1 个数，f2 为第 2 个数，初值均为 1
	　　`int i;`
	　　`printf("\n 斐波那契数列的前 10 个数为: \n");`
	　　`for(i=1;i<=5;i++)` //每次输出两个数，10 个数只需要循环 5 次
	　　`{`
	　　　　`printf("%d\t%d\t",f1,f2);` //每次输出数列相邻的两个数
	　　　　`f1=f1+f2;` //f1 表示数列中相邻两个数的第一个数，它等于前两个数之和
	　　　　`f2=f2+f1;` //f2 表示数列中相邻两个数的第二个数，它等于前两个数之和
	　　`}`
	　　`return 0;`
	`}`		

执行结果	斐波那契数列的前10个数为: 1　　1　　2　　3　　5　　8　　13　　21　　34　　55		

📂 **任务评价**

任务编号	任务实现		代码规范性	综合素养
	任务点	评分		
4-5	学习计算鸡兔同笼的解题理念并设计相应变量			
	选用其中一种动物的数量做穷举，即设计 for 循环			
	在循环体内判断结果是否符合题目要求，输出结果			
4-6	学习斐波那契数列的概念并设计相应变量			
	根据要求设置相应 for 循环结构			
	在循环体内计算当轮结果并更新相应变量值			

填表说明：

1．任务实现中每个任务点评分为 0~100。

2．代码规范性评价标准为 A、B、C、D、E，对应优、良、中、及格和不及格。

3．综合素养包括学习态度、学习能力、沟通能力、团队协作等，评价标准为 A、B、C、D、E，对应优、良、中、及格和不及格。

📂 **总结与思考**

_____

_____

_____

任务 4.4　数值流转，质数深藏——循环控制语句

📂 **任务导语**

　　一个正整数，如果只能被 1 和它自身整除，那么它就是一个质数，那在程序中我们如何判断任意输入的　个正整数是否为质数呢？来看看我们的任务吧！

📂 **任务单**

任务名称	数值流转，质数深藏	任务编号	4-7
任务描述	判断任意输入的一个数是否为质数	任务效果	 质数判断
任务目标	1．了解 break 和 continue 的工作机制 2．灵活运用 break 和 continue 对循环结构进行控制		

知识导入

在循环结构中，代码执行次数由循环条件控制，但是在实际使用中，有时会需要提前终止循环，或提前结束本次循环进入下一次循环，这就需要循环控制语句来实现。常用的循环控制语句有 break 语句和 continue 语句。

一、break 语句

在 C 语言中，break 语句可以用在 switch 语句和循环语句中。在 switch 语句中，break 用于跳出 switch；同理，在循环结构中，break 语句用于终止当前循环，程序往下执行循环体以后的语句。

break 语句流程图如图 4-4 所示。

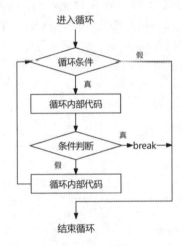

图 4-4　break 语句流程图

程序示例 4-4：计算 1+2+3+…，累加和超过 100 停止累加。

```c
#include <stdio.h>
int main()
{
    int i=1,sum=0;
    while(1)                //循环条件恒为真
    {
        sum=sum+i;
        printf("%d+",i);    //输出参与累加的每个数
        if(sum>100)
        {
            break;          //当累加和超过 100 时退出循环
        }
        i++;
    }
    printf("\b=%d\n",sum);
    return 0;
}
```

说明：

（1）break 语句用于退出循环，如果在循环体中直接使用则会导致直接退出循环，所以它一般会与 if 语句搭配使用，表示在某个条件成立时退出循环。

（2）break 语句不能终止所有循环，在循环的嵌套中，它只能退出它所在的这一层循环而不影响其他循环的执行。

（3）关于"死循环"：本案例的循环条件为 while(1)，循环条件为常量 1，表示永远为真，按此条件这个循环会一直持续，无法停止，这就是死循环，死循环是我们要尽量避免的，常见方法就是在循环内部加上 if(条件){break;}，使当满足条件时退出循环，这是我们在循环设计中遇到循环条件不方便预设时常用的方法。

二、continue 语句

continue 语句是继续循环的语句。与 break 语句不同，continue 语句只能用于循环语句中，break 语句的出现代表着循环结构的终止，而 continue 语句用于结束本轮循环，继续下一轮循环，它会使本轮循环中 continue 语句之后的所有代码都不执行。

continue 语句流程图如图 4-5 所示。

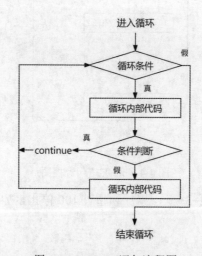

图 4-5　continue 语句流程图

程序示例 4-5：计算 1～100 之内的奇数和。

```c
#include <stdio.h>
int main()
{
    int i,sum=0;
    for(i=1;i<=100;i++)
    {
        if(i%2==0)
        {
            continue;        //如果是偶数，则跳过后面的累加，继续下一次循环
        }
        sum=sum+i;          //累加奇数
    }
```

```
    printf("1~100 的奇数和为：%d",sum);
    return 0;
}
```

📂任务实现

任务名称	数值流转，质数深藏	任务编号	4-7
任务分析	由质数的定义可知，质数只能被 1 和它自身整除，对于任意输入的一个正整数 n，通过循环将它依次除以 2、3、…、n-1，如果都不能整除，n 就是质数，只要有一个数能被 n 整除，它都不是质数，此时使用 break 语句终止循环	任务讲解	质数判断

参考代码	`#include <stdio.h>`
	`int main()`
	`{`
	`    int n;`
	`    printf("请输入一个正整数：");`
	`    scanf("%d",&n);`
	`    int is_prime=1;        //标志变量，值为 1 表示为质数，0 表示不是质数`
	`    int i;`
	`    for(i=2;i<=n-1;i++)    //将 n 除以 2~n-1 的每一个数`
	`    {`
	`        if(n%i==0)`
	`        {`
	`            is_prime=0;    //如果能被整除，则 n 不是质数，标志变量=0`
	`            break;        //退出循环`
	`        }`
	`    }`
	`    if(is_prime==1)        //标志变量 is_prime 值为 1，表示是质数`
	`    {`
	`        printf("%d 是质数\n",n);`
	`    }`
	`    else`
	`    {`
	`        printf("%d 不是质数\n",n);`
	`    }`
	`    return 0;`
	`}`		

执行结果	请输入一个正整数：7 7是质数		

📂任务拓展

任务名称	模拟超市购物结算	任务编号	4-8
任务描述	模拟超市购物结算，输入购买商品的单价和数量，统计应付金额，输入单价为 0 停止统计，输入数量为 0 表示该商品取消结账，最后输出账单	任务讲解	超市购物结算

任务分析	1．多件商品计费要使用循环，循环次数不确定，用 while(1) 2．输入单价为 0 作为循环结束条件，用 break 语句退出循环 3．输入数量为 0 取消该商品结账，可使用 continue 语句
| 参考代码 | ```c
#include <stdio.h>
int main()
{
    float price;        //单价
    int num;            //数量
    float total=0;      //总金额
    int i=1;
    printf("\n***********欢迎进入购物结算***********\n");
    while(1)
    {
        printf("请输入第%d 件商品的单价：",i);
        scanf("%f",&price);
        if(price==0)        //价格为 0，停止统计
        {
            break;          //退出循环
        }
        printf("请输入第%d 件商品的数量：",i);
        scanf("%d",&num);
        if(num==0)          //数量为 0，取消该商品结算
        {
            printf("该商品已被取消！！！ \n");
            continue;       //停止本次循环，继续下次循环
        }
        total=total+price*num;
        i++;
    }
    printf("您的账单总金额为：%.2f\n",total);
    printf("***************谢谢光临***************\n");
    return 0;
}
``` |
| 执行结果 | ```
***********欢迎进入购物结算***********
请输入第1件商品的单价：3.5
请输入第1件商品的数量：2
请输入第2件商品的单价：14
请输入第2件商品的数量：1
请输入第3件商品的单价：259
请输入第3件商品的数量：0
该商品已被取消！！！
请输入第3件商品的单价：36.5
请输入第3件商品的数量：1
请输入第4件商品的单价：0
您的帐单总金额为：57.50
***************谢谢光临***************
``` |

📁任务评价

任务编号	任务实现		代码规范性	综合素养
	任务点	评分		
4-7	设置相应变量及循环结构			
	理解质数的概念并在循环体中插入 break 语句			
	根据输入数字质数与否输出对应结果			
4-8	设置变量存储单价、数量及总金额			
	设计循环结构，由 break 语句和 continue 语句进行控制			
	循环结束后输出最终结果			

填表说明：

1. 任务实现中每个任务点评分为 0～100。
2. 代码规范性评价标准为 A、B、C、D、E，对应优、良、中、及格和不及格。
3. 综合素养包括学习态度、学习能力、沟通能力、团队协作等，评价标准为 A、B、C、D、E，对应优、良、中、及格和不及格。

📁总结与思考

_____

_____

_____

_____

任务 4.5　妙手生花，九九乘韵——循环的嵌套

📁任务导语

　　九九乘法口诀早在春秋战国时期就已经出现，是小学数学的必背口诀，那如果用 C 语言代码设计一张九九乘法表，应该怎么实现呢？来看看我们的任务吧！

📁任务单

任务名称	妙手生花，九九乘韵	任务编号	4-9
任务描述	使用循环结构输出一张九九乘法表	任务效果	九九乘法表
任务目标	1. 理解嵌套循环的原理 2. 熟练使用循环的嵌套		

📂知识导入

循环的嵌套

一个循环体内完整地包含另一个循环结构，这就是循环的嵌套。
任何循环都可以相互嵌套，例如：

```
for()              while()             do
{                  {                   {
    while()            for()               while()
    {…}                {…}                 {…}
}                  }                   }while()
```

循环嵌套的工作原理为：外层循环执行每一轮，内层循环将从头至尾执行完。

程序示例 4-5：打印一个由数字组成的 5 行 9 列的矩形。

```
#include <stdio.h>
int main()
{
    int i,j;
    for(i=1;i<=5;i++)
    {
        for(j=1;j<=9;j++)        内循环控制列    外循环控制行        123456789
        {                                                         123456789
            printf("%d",j);                                       123456789
        }                                                         123456789
        printf("\n");                                             123456789
    }
    return 0;
}
```

说明：

（1）外循环由循环变量 i 控制，从 1 循环到 5，控制程序输出 5 行。

（2）内循环由循环变量 j 控制，每当外循环执行一次，内循环都要从 1 循环到 9，依次输出 1、2、3、4、5、6、7、8、9。

（3）本程序由内外循环共同控制，因此输出了 5 行 123456789，内循环中的 printf ("%d",j);语句执行了 5*9=45 次。

注意：C 语言中，循环嵌套的层数并没有严格的限制。理论上，可以根据需要嵌套任意多层的循环。但是过多的循环嵌套会使代码变得难以理解和维护，因此应该尽量避免嵌套太多层的循环。

📂任务实现

任务要求	打印九九乘法表	任务编号	4-9
任务描述	使用循环结构输出一张九九乘法表	任务讲解	
任务分析	九九乘法表是一个由行列组成的图形，行有 9 行，列有 9 列，这就需要两层循环的嵌套来实现		九九乘法表

| 参考代码 | ```c
#include <stdio.h>
int main()
{
    int i,j;
    for(i=1;i<=9;i++){//外层循环，i 值从 1 到 9，输出 9 行
        for(j=1;j<=9;j++){//内层循环，j 值从 1 到 9，每行输出 9 项
            printf("%d*%d=%d\t",i,j,i*j);    //每次循环打印一次 i*j
        }
        printf("\n");    //外循环每循环一次输出一次回车换行
    }
    return 0;
}
``` |
|---|---|
| 执行结果 | ```
1*1=1    1*2=2    1*3=3    1*4=4    1*5=5    1*6=6    1*7=7    1*8=8    1*9=9
2*1=2    2*2=4    2*3=6    2*4=8    2*5=10   2*6=12   2*7=14   2*8=16   2*9=18
3*1=3    3*2=6    3*3=9    3*4=12   3*5=15   3*6=18   3*7=21   3*8=24   3*9=27
4*1=4    4*2=8    4*3=12   4*4=16   4*5=20   4*6=24   4*7=28   4*8=32   4*9=36
5*1=5    5*2=10   5*3=15   5*4=20   5*5=25   5*6=30   5*7=35   5*8=40   5*9=45
6*1=6    6*2=12   6*3=18   6*4=24   6*5=30   6*6=36   6*7=42   6*8=48   6*9=54
7*1=7    7*2=14   7*3=21   7*4=28   7*5=35   7*6=42   7*7=49   7*8=56   7*9=63
8*1=8    8*2=16   8*3=24   8*4=32   8*5=40   8*6=48   8*7=56   8*8=64   8*9=72
9*1=9    9*2=18   9*3=27   9*4=36   9*5=45   9*6=54   9*7=63   9*8=72   9*9=81
``` |

🗁 任务进阶

任务名称	输出直角三角形的九九乘法表	任务编号	4-10
任务描述	九九乘法表总共有 9*9=81 项，但是在实际使用的时候多余的重复项可以去除，例如 1*2 和 2*1 其实是重复的，可以去除。本任务对原有乘法表进行优化，删除多余项	任务讲解	直角九九乘法表
任务分析	九九乘法表由 i、j 两个循环变量分别控制行、列，经过分析比较发现，乘法表中每一行中行数 j 超过行数 i 的那部分输出项都是重复项，那么在输出的时候，只要对内循环中 j 的值控制为 j<=i，就可以只打印出我们需要的直角三角形九九乘法表		
| 参考代码 | ```c
#include <stdio.h>
int main()
{
    int i,j;
    for(i=1;i<=9;i++){//外层循环，i 值从 1 到 9 循环 9 次输出 9 行
        for(j=1;j<=i;j++){//内层循环中列 j 由行 i 控制，每行输出 i 项
            printf("%d*%d=%d\t",i,j,i*j);
        }
        printf("\n");
    }
    return 0;
}
``` | | |
| 执行结果 | ```
1*1=1
2*1=2    2*2=4
3*1=3    3*2=6    3*3=9
4*1=4    4*2=8    4*3=12   4*4=16
5*1=5    5*2=10   5*3=15   5*4=20   5*5=25
6*1=6    6*2=12   6*3=18   6*4=24   6*5=30   6*6=36
7*1=7    7*2=14   7*3=21   7*4=28   7*5=35   7*6=42   7*7=49
8*1=8    8*2=16   8*3=24   8*4=32   8*5=40   8*6=48   8*7=56   8*8=64
9*1=9    9*2=18   9*3=27   9*4=36   9*5=45   9*6=54   9*7=63   9*8=72   9*9=81
``` | | |

📂任务拓展

任务名称	求 100～200 以内的所有质数	任务编号	4-11
任务描述	通过循环代码在 100～200 的范围内找出所有的质数，并将结果打印出来	任务讲解	100～200 内质数
任务分析	1. 查找范围 100～200 内的质数，外层循环变量起止范围为 100～200 2. 质数只能被 1 和它自身整除，内部循环变量起止范围为 2～i-1		

参考代码	
| | ```c
#include <stdio.h>
int main()
{
    int i,j;
    int n=0;    //统计质数个数
    for(i=100;i<=200;i++)    //外层循环控制质数判断范围为 100～200
    {
        for(j=2;j<i;j++)    //内层循环判断当前 i 是否为质数
        {
            if(i%j==0)    //如果能整除则不是质数
            {
                break;    //不是质数退出循环
            }
        }
        if(i==j)    //内循环结束后，若 i==j，表示没有一个数能整除，i 为质数
        {
            printf("%d 是质数\t",i);    //输出质数
            n++;                        //质数数量累加，用于控制每 5 个数换行
            if(n%5==0)
                printf("\n");    //每输出 5 个数换行
        }
    }
    printf("\n100～200 中的质数共有%d 个",n);
    return 0;
}
``` |

执行结果	
| | ```
101是质数      103是质数      107是质数      109是质数      113是质数
127是质数      131是质数      137是质数      139是质数      149是质数
151是质数      157是质数      163是质数      167是质数      173是质数
179是质数      181是质数      191是质数      193是质数      197是质数
199是质数
100-200中的质数共有21个
``` |

任务评价

任务编号	任务实现		代码规范性	综合素养
	任务点	评分		
4-9	为嵌套循环设置对应变量			
	设置外层循环从 1 到 9，设置内层循环从 1 到 9			
	在内层循环体中计算当前轮次结果并输出			
4-10	为嵌套循环设置对应变量，设置外层循环从 1 到 9			
	设置内层循环数受外层循环数限制			
	在内层循环体中计算当前轮次结果并输出			
4-11	设置外层循环控制质数判断范围为 100～200			
	设置内层循环判断当前循环数是否为质数	·		
	外层循环结束后输出正确结果			

填表说明：

1. 任务实现中每个任务点评分为 0～100。

2. 代码规范性评价标准为 A、B、C、D、E，对应优、良、中、及格和不及格。

3. 综合素养包括学习态度、学习能力、沟通能力、团队协作等，评价标准为 A、B、C、D、E，对应优、良、中、及格和不及格。

总结与思考

_____

_____

_____

_____

项目任务 1　学生成绩管理系统：菜单的重复选择与成绩的多人计算

任务导语

在选择结构中完成的学生信息管理系统的部分功能中，我们已经可以完成菜单的选择和学生成绩 GPA 的计算，但都只能执行一次，如果想要再次使用该功能，需要重新运行程序方可进行，这是很不方便的，而学习了循环以后这个问题就可以解决了。

📂 任务单

任务要求	完成学生成绩管理系统项目相关功能模块的循环功能设计	任务编号	4-12
任务描述	在模块 3 完成的菜单选择程序和学生成绩 GPA 计算程序的基础上，通过循环使程序功能能重复执行直到用户选择退出	任务讲解	学生成绩管理系统各菜单的循环选择
任务目标	在已有程序中添加循环结构，使相关功能能重复选择或执行		

📂 任务分析

实现菜单的重复选择或添加若干名学生的成绩，关键在于循环结构的使用。

📂 任务实现

1. 教师端菜单的重复选择

```c
#include <stdio.h>
void main()
{
    while(1)      //将菜单放入循环中，实现反复选择
    {
        printf("==================================\n");
        printf("    学生成绩管理系统—教师端        \n");
        printf("        1．添加学生成绩            \n");
        printf("        2．打印学生成绩            \n");
        printf("        3．查询学生成绩            \n");
        printf("        4．修改学生成绩            \n");
        printf("        5．删除学生成绩            \n");
        printf("        6．排序学生成绩            \n");
        printf("        7．返回上级菜单            \n");
        printf("        8．退出系统               \n");
        printf("==================================\n");
        printf("请选择要执行的操作：");
        int menu_input;
        scanf("%d", & menu_input);
        switch (menu_input)
        {
            case 1:
                printf("你选择的是添加模块……\n");
                break;
            case 2:
                printf("你选择的是打印模块……\n");
                break;
```

```
        case 3:
            printf("你选择的是查询模块……\n");
            break;
        case 4:
            printf("你选择的是修改模块……\n");
            break;
        case 5:
            printf("你选择的是删除模块……\n");
            break;
        case 6:
            printf("你选择的是排序模块……\n");
            break;
        case 7:
            printf("你选择的是返回模块……\n");
            return;          //返回上一级菜单
        case 8:
            printf("\n[exit]感谢您的使用，系统已退出！\n");
            exit(0);          //退出系统
        default:
            printf("\n[warn]请重新选择！\n");
        }
    }//循环结束
}
```

2. 添加多名学生成绩并计算 GPA

将添加学生成绩并打印的代码放入循环结构中，每添加一条学生记录就询问是否继续，回答"y"继续添加，否则退出程序。

```
#include <stdio.h>
void main()
{
    float c_grade, java_grade, mysql_grade, gpa, sum, avg, c_gpa, java_gpa, mysql_gpa;
    while(1)          //循环结构可添加多名学生成绩
    {
        printf("==============================\n");
        printf("请输入要添加学生的信息：\n");
        printf("C 语言：");
        scanf("%f", & c_grade);
        printf("Java：");
        scanf("%f", & java_grade);
        printf("MySQL：");
        scanf("%f", & mysql_grade);
        sum = c_grade + java_grade + mysql_grade;
        avg = (c_grade + java_grade + mysql_grade) / 3;
        if (c_grade < 60)
            c_gpa = 0;
        else
            c_gpa = (c_grade - 50) / 10;
```

```
            if (java_grade < 60)
                java_gpa = 0;
            else
                java_gpa = (java_grade - 50) / 10;
            if (mysql_grade < 60)
                mysql_gpa = 0;
            else
                mysql_gpa = (mysql_grade - 50) / 10;
            //平均 GPA 计算（学分 c 6    java 4    mysql 4）
            gpa = (6 * c_gpa + 4 * java_gpa + 4 * mysql_gpa) / (6 + 4 + 4);
            printf("-----------------------------------------------\n");
            printf("C\tJava\tMySQL\t 总分\t 平均分\t 绩点\n");
            printf("-----------------------------------------------\n");
            printf("%.0f\t%.0f\t%.0f\t%.1f\t%.1f\t%.1f\n",c_grade, java_grade, mysql_grade, sum, avg, gpa);
            printf("是否继续添加？[输入 y 继续，输入其他键返回] ");
            char menu_input;
            fflush(stdin);
            scanf("%c", &menu_input);
            if(menu_input=='y'|| menu_input=='Y')
                continue;
            else
                break;
    }//循环结束
}
```

有了上面的任务示例，请大家试着完成主菜单和学生端菜单的重复选择。

3. 主菜单的重复选择

4. 学生端菜单的重复选择

📂测试验收单

项目任务	任务实现		代码规范性	综合素养
	任务点	评分		
学生成绩管理系统	实现主菜单的循环选择			
	实现教师端菜单的循环选择			
	实现学生端菜单的循环选择			
	通过循环计算多位学生的 GPA			

填表说明:

1. 任务实现中每个任务点评分为 0~100。

2. 代码规范性评价标准为 A、B、C、D、E,对应优、良、中、及格和不及格。

3. 综合素养包括学习态度、学习能力、沟通能力、团队协作等,评价标准为 A、B、C、D、E,对应优、良、中、及格和不及格。

📂总结与思考

项目任务 2　物联网应用中的 C 程序：流水灯与闪烁灯

📁**任务导语**

前面的任务中我们已经可以通过 C 程序点亮信号灯，那学习了循环结构后我们可不可以通过 C 程序控制多个信号灯，让它们依次点亮实现流水灯的效果，或者同时点亮或熄灭产生闪烁灯的效果呢？来看看我们的项目任务吧！

📁**任务单**

任务名称	流水灯与闪烁灯	任务编号	4-13
任务描述	通过 C 程序驱动硬件实现流水灯和闪烁灯效果	任务讲解	流水灯与闪烁灯
任务目标	通过编写程序让单片机模组上的信号灯按照顺序依次点亮又依次熄灭，通过循环结构实现重复的效果		

📁**任务分析**

本项目程序的原理是通过程序控制 4 个信号灯模组，流水灯是让信号灯按照顺序依次点亮，熄灭，使用循环对点亮程序进行控制，让信号灯按照设计的次数依次点亮实现流水灯效果。而闪烁灯是让所有信号灯同时点亮，同时熄灭，再加以循环结构，反复的点亮熄灭就是闪烁灯的效果。

📁**任务实现**

```
#include "function.h"
/*******************************************************************
说明：
（1）下述程序将点亮所有信号灯，请在 loopl.cpp 的 AllLedOn()函数内进行编写
（2）调用自带的库函数 digitalWrite()，这个函数的作用是引脚输出高电平或低电平
（3）硬件上面共有 4 个信号灯模组，分别连接 4、5、6、7 引脚
（4）依次让 4、5、6、7 引脚输出低电平时将点亮对应的信号灯
*******************************************************************/
int pin_i;
for(pin_i = 4; pin_i <= 7; pin_i++)
    digitalWrite(pin_i,LOW);


/*******************************************************************
说明：
（1）下述程序将熄灭所有信号灯，请在 loopl.cpp 的 AllLedOff()函数内进行编写
```

（2）依次让4、5、6、7引脚输出高电平时将熄灭对应的信号灯
**/

```
int pin_i;
for(pin_i = 4; pin_i <= 7; pin_i++)
    digitalWrite(pin_i,HIGH);
```

/**
说明：
（1）下述程序将实现闪烁灯效果，请在 loopl.cpp 的 BlinkLed()函数内进行编写
（2）请在后面我们学完函数调用后思考下面的程序如何简写
**/

```
int pin_i;
for(pin_i = 4; pin_i <= 7; pin_i++)
{
    digitalWrite(pin_i,HIGII);        //关闭信号灯
}
delay(500);        //延时 0.5s
for(pin_i = 4; pin_i <= 7; pin_i++)
{
    digitalWrite(pin_i,LOW);        //开启信号灯
}
delay(500);        //延时 0.5s
```

/**
说明：
（1）下述程序实现流水灯效果，请在 loopl.cpp 的 WaterLed()函数内进行编写
（2）当4引脚对应的信号灯被点亮时，其他信号灯熄灭；当5引脚对应的信号灯被点亮时，其他信号灯熄灭，以此类推
**/

```
int pin_i;
int pin_j;
for(pin_i = 4; pin_i <= 7; pin_i++)
{
    for(pin_j = 4; pin_j <=7; pin_j++)
    {
        if(pin_i == pin_j)
        digitalWrite(pin_j,LOW);        //开灯
        else
        digitalWrite(pin_j,HIGH);        //关灯
    }
    delay(200);                        //延时 0.2s
}
```

```
/**********************************************************************
说明:
  (1) 上述所有程序编写完成后,编译下载到硬件
  (2) 在 ATF 屏的循环结构中输入循环次数,一次循环中具有流水效果 1 次和闪烁效果 2 次,
      学完后面的函数调用后,流水效果和闪烁效果的次数可以自己尝试修改
**********************************************************************/
```

素质拓展——循环带来的启示

循环,不仅仅意味着坚持不懈,更意味着在原有的基础上不断打磨,精益求精。"执着专注、精益求精、一丝不苟、追求卓越。"2020 年 11 月 24 日,在全国劳动模范和先进工作者表彰大会上,习近平总书记高度概括了工匠精神的深刻内涵,强调劳模精神、劳动精神、工匠精神是以爱国主义为核心的民族精神和以改革创新为核心的时代精神的生动体现,是鼓舞全党全国各族人民风雨无阻、勇敢前进的强大精神动力。

"七一勋章"获得者湖南华菱湘潭钢铁有限公司焊接顾问艾爱国,在焊工岗位上一干就是半个多世纪。从学徒做起,舍得吃苦、不怕吃亏、刻苦钻研,攻克焊接技术难关 400 多个,改进工艺 100 多项,尤其是在焊接难度最大的紫铜、铝镁合金、铸铁焊接等方面有精深造诣。

中华全国铁路总工会"火车头奖章"和中国中铁"十大专家型工人"彭祥华,这位同行眼中的爆破专家,刚入行时竟是一名隧道工程组的木工。在接触到爆破技术之后,凭借着浓厚的兴趣、刻苦的学习和坚持不懈的钻研,很快从木工转行为能独当一面的优秀爆破工人。在开凿川藏铁路中地质最复杂的东嘎山隧道时,针对爆破难度和风险都极高的"软豆腐"岩层,彭祥华和工友们共同制定了精准的爆破方案:在破面上打好几十个炮孔,不同炮孔之间的起爆时差必须精准控制。凭借精密的爆破程序设计和误差计算,该爆破难题被一举攻克。川藏铁路拉林段项目中,针对软岩变形、隧道涌水等施工难题,彭祥华提出了多种创新施工工艺,极大地降低了人工作业量,提前了 8 个多月完成工期,为国家节约资金约 2000 万元。

工匠以工艺专长造物,在专业的不断精进与突破中演绎着"能人所不能"的精湛技艺,凭借的就是精益求精的追求。这些案例都展示了在工作岗位中,坚持和毅力对于个人和团队乃至国家的重要性。无论是面对技术难题、市场竞争还是其他挑战,只有坚持不懈地努力和创新,才能取得最终的成功。同时,这些案例也告诉我们,成功并不是一蹴而就的,需要长期的积累和付出。只有持之以恒地追求自己的目标,才能在计算机世界中创造出更加辉煌的未来。就像习近平总书记在《滴水穿石的启示》中所指出的:"我们需要的是立足于实际又胸怀长远目标的实干,而不需要不甘寂寞、好高骛远的空想;我们需要的是一步一个脚印的实干精神,而不需要新官上任只烧三把火希图侥幸成功的投机心理;我们需要的是锲而不舍的韧劲,而不需要'三天打鱼,两天晒网'的散漫。"

水滴石穿之功在于"小"。不要小看一片绿叶,它能传递春的消息;不要小看一朵浪花,它能凝聚滔天巨浪。水滴能将石块洞穿,不在于水之大之急之强,而在于小的杀伤力、微的渗透力、绵的侵蚀力,在不知不觉、悄无声息中完成了无法想象的蜕变。"千里之堤,溃于蚁穴",成功始于重视小事,失败缘于忽视细处。只有用心对待每个细节、认真做好

每件小事，才能聚沙成塔、汇溪成海。水滴石穿之功在于"恒"。学习、工作都贵在持之以恒。演艺圈有句话叫作一天不练自己知道，两天不练同行知道，三天不练观众知道，其实学习也是一样的道理，一天两天不学习，可能和其他同学感觉不到差距，可是时间一长，这样的差距越拉越大，最终所得和努力学习的同学所得可能就大相径庭。同学们刚刚跨进编程世界的大门，未来还有多姿多彩的代码世界等待大家探索，可能在起步阶段略显吃力，但在积累、领悟之后一定能在这一领域获得属于自己的一份见解和收获。期待大家能在这条道路上坚持前行，在这个世界中找到属于自己的一片天地。

习　题　4

一、选择题

1．在 C 语言中，下列（　　）是循环结构中常用的关键字。
    A．loop　　　　　　B．while　　　　　　C．if　　　　　　D．exit

2．下列（　　）不是 C 语言中的循环结构。
    A．if　　　　　　　B．while　　　　　　C．do-while　　　　D．for

3．关于 for 循环的说法，以下（　　）是错误的。
    A．for 循环中的初始化表达式只会在循环开始前执行一次
    B．for 循环中的条件表达式会在每次循环开始前进行判断
    C．for 循环中的迭代表达式会在每次循环体执行后进行更新
    D．for 循环中 for 后面括号内的所有内容都能省略

4．在 C 语言中，以下（　　）能够正确地跳出当前循环。
    A．jump　　　　　　B．exit　　　　　　C．continue　　　　D．break

5．在 while 循环中，以下（　　）能够使程序跳过本次循环体中剩余的代码直接进入下一次循环。
    A．break　　　　　　B．exit　　　　　　C．continue　　　　D．return

6．以下 for 循环中（　　）会执行 5 次。
    A．for(int i=0; i<5; i--)　　　　　　B．for(int i=1; i<=5; i++)
    C．for(int i=5; i>0; i--)　　　　　　D．for(int i=0; i<=5; i+=2)

7．在 C 语言中，以下（　　）能够正确地定义一个无限循环。
    A．while(1) { ... }　　　　　　B．for(;;) { ... }
    C．do { ... } while(1);　　　　D．以上所有选项

8．在 C 语言中，以下 while 循环中（　　）会执行 0 次。
    A．int i=0; while(i==1) { ... }　　　　B．int i=1; while(i==1) { ... }
    C．int i=0; while(i!=1) { ... }　　　　D．int i=1; while(i!=0) { ... }

9．在 C 语言中，以下 for 循环中（　　）不会执行 10 次。
    A．for(int i=0; i<10; i++) { ... }　　　　B．for(int i=1; i<=10; i++) { ... }
    C．for(int i=10; i>0; i--) { ... }　　　　D．for(int i=0; i<=9; i++) { ... }

10. 关于 do-while 循环的说法，以下（　　）是正确的。

A．do-while 循环中的条件表达式会在循环体执行前进行判断

B．do-while 循环至少会执行一次循环体

C．do-while 循环中的条件表达式可以省略

D．do-while 循环中的循环体不可以是一个空语句

二、判断题

1．在 C 语言中，for 循环的迭代部分总是会在循环体执行之后执行。　　　（　　）

2．while 循环和 do-while 循环的主要区别在于循环条件的检查时间不同。　（　　）

3．在 C 语言中，break 语句可以用于跳出任何类型的循环，包括 for、while 和 do-while。
　　　　　　　　　　　　　　　　　　　　　　　　　　　　　　　　　　（　　）

4．使用 continue 语句不可以跳过当前循环中剩余的代码并开始下一个循环迭代。
　　　　　　　　　　　　　　　　　　　　　　　　　　　　　　　　　　（　　）

5．在 C 语言中，for 循环的三个部分（初始化、条件和迭代）都是可选的，可以省略括号中的全部内容。　　　　　　　　　　　　　　　　　　　　　　　　　　（　　）

6．如果循环的条件表达式始终为 true，则循环将无限次地执行。　　　　（　　）

7．do-while 循环至少会执行一次循环体，即使循环条件在第一次检查时为 false。
　　　　　　　　　　　　　　　　　　　　　　　　　　　　　　　　　　（　　）

8．for 循环的迭代表达式不可以在循环体内被修改，从而影响循环的次数。
　　　　　　　　　　　　　　　　　　　　　　　　　　　　　　　　　　（　　）

9．嵌套循环是指在一个循环体内包含另一个完整的循环结构，它可以用来处理多维数组或执行更复杂的循环逻辑。　　　　　　　　　　　　　　　　　　　　（　　）

10．在 C 语言中，可以通过修改循环控制变量的值来在循环体内部改变循环的执行流程。　　　　　　　　　　　　　　　　　　　　　　　　　　　　　　　（　　）

三、编程题

1．编写程序，对输入的任意一个正整数，计算它的每一位数字之和。

2．编写一个 C 语言程序，找到并输出所有的四叶玫瑰数。四叶玫瑰数是指一个四位数，它的每个位上的数字的四次方和等于它本身（例如 8208 = 8^4 + 2^4 + 8^4）。

3．编写一个 C 语言程序，要求随意输入两个数，求出它们的最大公约数和最小公倍数。

模块 5　数　　组

- 理解数组、数组名、数组元素、下标等概念。
- 掌握一维数组的定义、引用和初始化。
- 掌握字符串和字符串数组的关系及相关操作。
- 掌握字符串常用处理函数。
- 了解二维数组。
- 了解与数组相关的常用算法。

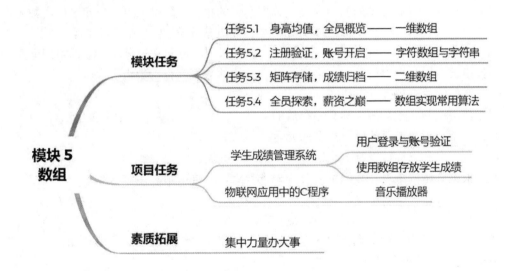

任务 5.1　身高均值，全员概览——一维数组

📁 任务导语

我们班有 10 名同学，现在需要统计全班同学的平均身高，那么该用什么样的数据结构存储 10 位同学的身高信息，又该怎样设计这个程序呢？来看看我们的任务吧！

📁**任务单**

任务名称	身高均值，全员概览		任务编号	5-1
任务描述	存储全班 10 位同学的身高信息并计算他们的平均身高		任务效果	 计算全班平均身高
任务目标	1. 理解数组、数组名、数组元素等概念 2. 掌握一维数组的定义、引用和初始化			

📁**知识导入**

在前面的程序中我们使用变量存储数据，一个变量只能存放一个数。如果需要存储多个相同类型的数据，如一个班 10 位同学的 C 语言课程成绩，需要定义 10 个变量吗，那全校的呢？面对这样的需求，C 语言提供了数组这种数据结构。

一维数组

一、数组简介

数组是按照一定顺序排列的相同类型数据元素的集合。数组中的每个元素使用数组名加下标的方式来表示，数组下标从 0 开始，如使用 h 表示存放 10 个身高数据的数组，那么 h[0]，h[1]，h[2]，…，h[9]分别代表第 1，2，…，10 位同学的身高。根据数组元素的类型，数组又可以分为数值数组、字符数组、结构体数组和指针数组等。

C 语言中的数组具有以下特征：

● 数组中的元素是按下标有序存放的。
● 一个数组只能存放同一类型的元素。
● 数组名和下标可以唯一确定数组中的一个元素。
● 根据数组的维度，数组可以分为一维数组、二维数组和多维数组等。

二、一维数组的定义

和普通变量一样，数组也需要先定义后使用。定义一维数组的一般形式如下：

数据类型   数组名[常量表达式];

例如：

```
int   h[10];              //定义一个整型数组，数组名为 h，此数组有 10 个元素
double score[20];        //定义一个双精度浮点型数组 score，包含 20 个元素
```

注意：

①数组名的命名规则和变量的命名规则相同，遵循标识符命名规则。

②在定义数组时，一般需要指明数组的元素个数，数组元素通过数组下标访问，数组的下标从 0 开始，下标最大值是数组长度减 1。例如，h[10]这个数组的长度为 10，元素依次是 h[0]，h[1]，h[2]，…，h[9]。需要特别注意的是，该数组不存在数组元素 h[10]。

③常量表达式部分可以是常量、常量与运算符构成的表达式等。

举例:

```
int a[8];          //此处 8 是常量
int a[5+3];        //此处 5+3 是常量与运算符构成的表达式
#define N 8;        //定义符号常量 N, 其值为 8
int b[N];          //用符号常量 N 声明数组的长度
```

三、一维数组的初始化

声明数组只是为该数组分配内存空间, 并不会为其赋值, 在使用之前还必须对数组进行初始化, 为数组的各个元素赋予初值。下面介绍几种常用的数组初始化方式。

(1) 在定义数组的同时对全部元素进行初始化。例如:

```
int h[5]={1,2,3,4,5};
```

将数组中各个元素的初始值放在一对大括号内, 各元素之间使用逗号分隔。大括号内的数据称为初始化列表。初始化后, h[0]=1, h[1]=2, h[2]=3, h[3]=4, h[4]=5。

在声明数组的同时对数组的所有元素赋初值时可省略数组的长度, 因此本例可写为:

```
int h[]={1,2,3,4,5};     //数组长度为空, 由初始化列表的元素个数决定数组长度为 5
```

(2) 在定义数组时给部分元素赋初值。例如:

```
int h[10]={1,3,4,5,7};
```

定义数组 h 有 10 个元素, 但是在初始化时只对前 5 个元素赋初值, 系统自动给后 5 个元素赋初值为 0 (数值型数组)。此时, h[0]=1, h[1]=3, h[2]=4, h[3]=5, h[4]=7, h[5]=0, h[6]=0, h[7]=0, h[8]=0, h[9]=0。

(3) 数组元素的初始化也可以通过搭配循环语句动态赋值。

代码举例:

```
int score[5];
for(int i=0;i<5;i++)
{
    printf("请输入第%位同学的成绩",i+1);
    scanf("%d",&score[i]);
}
```

四、数组元素的引用

C 语言不允许通过数组名直接引用整个数组的值, 每个元素要单独访问。数组元素的引用就是访问该数组中的具体某个元素, 可以是读取该元素的值, 也可以修改其值。

一维数组元素的引用格式如下:

数组名[下标]

如 a[1]表示引用 a 数组下标为 1 的元素。引用数组元素时, 该元素既可以看成一个普通的变量, 可以参与普通变量可以参与的一切操作。例如:

```
int a[3]={1,1};        //定义数组并对前两个元素初始化
a[2]=a[0]+a[1];        //引用数组元素 a[0]和 a[1]的值并用它们之和对数组元素 a[2]赋值
```

由于数组元素的下标是有序的, 因此在数组元素的引用中我们通常使用循环访问数组, 代码举例:

```
int a[5]={1,2,3,4,5};
for(int i=0;i<5;i++)
```

```
    {
        printf("%d\t",a[i]);
    }
```

📂 任务实现

任务名称	身高均值，全员概览	任务编号	5-1
任务分析	身高信息一般是以米为计量单位，对应的数据类型应该是浮点型（float 或 double）；10 名同学的身高都是同一种数据类型，可以使用一个一维数组（float h[10]）来存放并处理这些数据；平均身高=总身高/人数，总身高可通过循环遍历数组并累加求得	任务讲解	计算全班平均身高

参考代码	`#include <stdio.h>`
	`int main()`
	`{`
	    `float avg_height=0;` //平均身高，初始化为 0
	    `//存放 10 人身高的数组，初始化`
	    `float h[10]={1.7,1.6,1.5,1.55,1.56,1.65,1.78,1.81,1.67,1.88};`
	    `float sum_height=0;` //身高之和
	    `int i;`
	    `for(i=0;i<10;i++)`
	    `{`
	        `sum_height=sum_height+h[i];` //计算身高之和
	    `}`
	    `avg_height=sum_height/10;` //计算平均身高
	    `//输出全班的平均身高`
	    `printf("全班同学的平均身高为：%.2f 米\n",avg_height);`
	    `return 0;`
	`}`		

执行结果	全班同学的平均身高为：1.67米		

📂 任务拓展

任务名称	根据键盘输入的身高求全班的平均身高	任务编号	5-2
任务描述	从键盘输入 10 位同学的身高并计算他们的平均身高	任务讲解	输入身高并计算平均身高
任务提示	定义保存身高的数组后，用 for 结合 scanf()函数为每个数组元素赋值		

参考代码	`#include <stdio.h>`
	`int main()`
	`{`
	    `float h[10];` //保存身高数据的数组
	    `float sum_height=0;` //身高之和
	    `float avg_height=0;` //平均身高		

参考代码	int i;
	//输入 10 位同学的身高并累加求和
	for(i=0;i<10;i++)
	{
	　　printf("请输入第%d 位同学的身高（单位：米）：",i+1);
	　　scanf("%f",&h[i]);　　　　　　//输入身高
	　　sum_height=sum_height+h[i];　　//身高累加求和
	}
	avg_height=sum_height/10;　　　　//计算平均身高
	//输出全班的平均身高
	printf("全班同学的平均身高为：%.2f 米\n",avg_height);
	return 0;
	}

执行结果	请输入第1位同学的身高（单位：米）:1.61 请输入第2位同学的身高（单位：米）:1.73 请输入第3位同学的身高（单位：米）:1.85 请输入第4位同学的身高（单位：米）:1.58 请输入第5位同学的身高（单位：米）:1.62 请输入第6位同学的身高（单位：米）:1.76 请输入第7位同学的身高（单位：米）:1.77 请输入第8位同学的身高（单位：米）:1.80 请输入第9位同学的身高（单位：米）:1.71 请输入第10位同学的身高（单位：米）:1.58 全班同学的平均身高为: 1.70米

任务评价

任务编号	任务实现		代码规范性	综合素养
	任务点	评分		
5-1	定义与身高相关的变量和数组			
	初始化存放身高的数组			
	在 for 循环中计算身高之和			
	计算平均身高并输出			
5-2	定义与身高相关的变量和数组			
	利用 for 循环接收控制台输入的身高，并计算身高之和			
	计算平均身高并输出			

填表说明：
1. 任务实现中每个任务点评分为 0～100。
2. 代码规范性评价标准为 A、B、C、D、E，对应优、良、中、及格和不及格。
3. 综合素养包括学习态度、学习能力、沟通能力、团队协作等，评价标准为 A、B、C、D、E，对应优、良、中、及格和不及格。

总结与思考

任务 5.2　注册验证，账号开启——字符数组与字符串

📁任务导语

在生活中经常遇到用户注册的场景，最常见的操作就是提供用户自定义的用户名和密码。如果让我们使用 C 语言设计和开发一个用户注册的小程序，用户名和密码该采用什么样的结构来存储，程序又该如何实现呢？来看看我们的任务吧！

📁任务单

任务名称	注册验证，账号开启	任务编号	5-3
任务描述	设计一个购物系统的用户注册功能，注册时需要输入用户名（长度为 6～10 个字符）和密码（8 个字符）。当用户输入合法的用户名和密码时提示用户注册成功，并输出用户注册的用户名和密码，否则重新输入	任务效果	模拟用户注册
任务目标	1. 理解并掌握字符串和字符串数组的关系及相关操作 2. 了解字符串处理常用函数		

📁知识导入

在前面的学习中我们了解到一个字符型变量只能存放一个字符，如 char ch='A'，而一个固定不变的字符序列可以用字符串常量来表示，如 "Hello World"，当我们需要处理动态变化的字符序列时就需要用到字符数组了。

字符数组与字符串

一、字符数组

字符数组用于存放字符数据，每个元素存放一个字符，一个数组就可以存放一个字符串。

1. 字符数组的定义

字符数组的定义与数值数组相同。

格式：char 数组名[长度]

例如：

```
char c[10];   //定义一个长度为 10 的字符数组
```

2. 字符数组的初始化

这里介绍几种常用的字符数组的初始化方式。

（1）在定义字符数组的同时用字符列表对全部元素进行初始化。例如：

```
char c[10]={'I',' ','a','m',' ','h', 'a', 'p', 'p', 'y'};
```

需要注意的是，初始化列表中的每个元素都是字符数据，使用英文的单引号分隔，此时 c[0]='I'，c[1]=' '，c[2]='a'，c[3]='m'，c[4]=' '，c[5]='h'，c[6]='a'，c[7]='p'，c[8]='p'，c[9]='y'。

（2）定义字符数组时对部分元素进行初始化。例如：

```
char c[10]={'h','e','l','l','o'};
```

此时数组 c 的前 5 个元素为'h', 'e', 'l', 'l', 'o', 剩下的 5 个元素默认赋值为 '\0'（空字符），如图 5-1 所示。

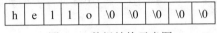

图 5-1 数组结构示意图

其中空字符 '\0' 的 ASCII 码为 0，C 语言用它作为字符串结束标志。因此，上述字符数组 c 虽然定义可以存放 10 个字符数据，但是实际有效数据只有 5 个。

（3）定义字符数组时使用字符串常量初始化。例如：

```
char    c[]="I am happy";
```

用此方式时，可以不用指定字符数组的大小，数组的大小等于字符串长度+1。本例中，数组 c 的实际长度为 11，因为除了原有的"I am happy"字符串的 10 个字符外，系统会自动在字符串末尾加上字符串结束符 '\0'，存储情况如图 5-2 所示。

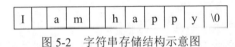

图 5-2 字符串存储结构示意图

这是最常用、最方便的字符数组初始化方式。当然也可以指定数组的大小，如 char c[11]="I am happy";，但此时要注意数组的长度≥常量字符串的长度+1。

3. 字符数组的引用

字符数组元素的引用方法同数值数组。

格式：数组名[下标]

4. 字符数组的输入和输出

字符数组的输入和输出有下述两种方法。

（1）在循环中使用%c 逐个输入或输出字符数组的元素。

代码举例：

```
#include <stdio.h>
int main()
{
    char c[10]={'I',' ','a','m',' ','h','a','p','p','y'};    //定义并初始化数组
    int i;
    for(i=0;i<10;i++)
    {
        printf("%c",c[i]);          //输出 c[i]
    }
    printf("\n");                   //换行
    return 0;
}
```

（2）使用%s 输入或输出整个字符串。

代码举例：

```
char c[]="happy";
printf("%s",c);
```

```
char a[10];
scanf("%s",a);
```

说明：

（1）使用%s 时，无论输入还是输出，数组名前边都不加&符号，数组名本身代表的就是数组首地址。

（2）scanf()中使用%s 接收字符串时，一旦遇到空格就会停止接收，因此该方法不适合输入包含空格的字符串。

二、字符串处理函数

字符串是 C 语言中重要的处理对象，为了方便用户操作，C 语言标准函数库提供了一些专门用来处理字符串的函数，这些函数在头文件 string.h 中定义，要使用这些函数，应在程序开头包含"#include<string.h>"。

下面介绍几种 C 语言常用的字符串处理函数。

1. puts()函数

格式：puts(字符数组名);

功能：将字符数组中的字符串（以'\0'结束）输出到显示器。

举例：

```
char name[10]="tom";
puts(name);    //显示器显示：tom
```

2. gets()函数

格式：gets(字符数组名);

功能：通过标准输入设备键盘输入一个字符串到字符数组。

举例：

```
char name[10];
gets(name);    //接收键盘输入的字符串存入数组
```

注意：①使用 gets()输入的字符串可以包含空格字符；②不管是 puts()还是 gets()一次性只能输出或输入一个字符串。

3. strlen()函数

格式：strlen(字符数组名);

功能：返回字符数组中的字符个数（不包括'\0'）。

举例：

```
char name[10]="tom";
int a=strlen(name);
printf("%d",a);    //输出结果为3
```

4. strcpy()函数

格式：strcpy(字符数组 1,字符串 2);

功能：字符串复制，将字符串 2 复制到字符数组 1 中。

说明：字符数组 1 的容量要足够大，能够容纳被复制的字符串 2。

举例：

```
char str1[10];
```

```
char str2[]="hello";
strcpy(str1,str2);
```

执行完毕后 str1 数组的存储情况如图 5-3 所示。

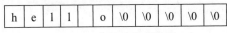

图 5-3 字符串复制结果

注意：一个字符数组除了在声明的同时可以用 "=" 直接赋值外，其余情况下都不能用 "=" 直接赋值，可以借助 strcpy() 函数实现赋值功能。

代码举例：

```
char a[10],b[]="hello";
a=b;                    //错误，不能将一个数组直接赋值给另一个数组
strcpy(a,b);            //正确
a="world";             //错误，不能将一个字符串常量直接赋值给一个数组
strcpy(a,"world");     //正确
```

下面还列举了一些 C 语言常用的字符串处理函数，功能和语法见表 5-1。

表 5-1 常用字符串函数

名称	功能	语法
strcat()	字符串连接	strcat(字符数组 1,字符数组 2)
strcmp()	字符串比较	strcmp(字符数组 1,字符数组 2)
strlwr()	将字符串转换为小写字母	strlwr(字符串)
strupr()	将字符串转换为大写字符	strupr(字符串)

📂**任务实现**

任务名称	注册验证，账号开启	任务编号	5-3
任务分析	1. 定义两个字符型数组，分别保存用户名和密码 2. 用户名和密码的输入使用 gets() 函数 3. 用户名和密码长度的验证使用 strlen() 函数	任务讲解	模拟用户注册

参考代码	`#include <stdio.h>`
	`#include<string.h>`
	`int main()`
	`{`
	`    char name[20];    //存放姓名的数组`
	`    char pass[10];    //存放密码的数组`
	`    printf("\n******欢迎注册乐购购物系统！******\n\n");`
	`    //输入并验证用户名长度`
	`    while(1)`
	`    {`
	`        printf("请输入用户名（10 个字符以内）：");`
	`        scanf("%s",name);`		

参考代码	

```c
        if(strlen(name)<=10)
        {
            break;
        }
        else
        {
            printf("用户名长度错误！\n");
        }
    }
    //输入并验证密码长度
    while(1)
    {
        printf("请输入密码（6~8个字符）：");
        scanf("%s",pass);
        if(strlen(pass)>=6 && strlen(pass)<=8)
            break;
        else
        {
            printf("密码长度错误！\n");
        }
    }

    printf("注册成功！欢迎您！\n");
    //输出姓名
    printf("你注册的用户名是：");
    int i;
    for(i=0;name[i]!='\0';i++)
    {
        printf("%c",name[i]);
    }
    //输出密码
    printf("\n 你注册的密码是：");
        for(i=0;pass[i]!='\0';i++)
    {
        printf("%c",pass[i]);
    }
    return 0;
}
```

执行结果	

```
******欢迎注册乐购购物系统！******

请输入用户名(10个字符以内)：ngj
请输入密码（6~8个字符）：1234
密码长度错误！
请输入密码（6~8个字符）：123456
注册成功！欢迎您！
你注册的用户名是：ngj
你注册的密码是：123456
```

任务拓展

任务名称	用户注册中校验两次输入密码是否一致	任务编号	5-4
任务描述	注册时增加密码的校验功能，要求用户输入两次密码，若两次密码一致则注册成功；如果不一致则给出提示要求用户再次输入密码，直到两次密码一致	任务讲解	注册中检验两次密码
任务提示	使用两个字符数组存放两次密码，比较两次输入的密码是否一致，可以用 strcmp()函数，strcmp(字符串 1,字符串 2)用于比较字符串 1 和字符串 2 是否相同，若函数返回值为 0 表示相同，其余返回值均表示两个字符串不同。本任务可以用 strcmp(第 1 次密码,第 2 次密码)==0 作为条件判断两次密码是否相同		

参考代码

```c
#include <stdio.h>
#include <string.h>
int main()
{
    char name[20];
    char pass[20];      //第一次输入的密码
    char pass2[20];     //第二次输入的密码
    printf("\n******欢迎注册乐购购物系统！******\n\n");
    printf("请输入用户名：");
    gets(name);
    while（1）
    {
        printf("请输入密码：");
        gets(pass);
        printf("请再次输入密码：");
        gets(pass2);
        if(strcmp(pass,pass2)!=0)     //验证密码是否一致
        {
            printf("两次密码不一致请重新输入密码!! \n");
        }
        else
            break;
    }
    printf("\n 注册成功！欢迎您！\n ");
    printf("你注册的用户名是：");
    puts(name);
    printf("你注册的密码是：");
    puts(pass);
}
```

执行结果	

```
******欢迎注册乐购购物系统！******

请输入用户名：ngj
请输入密码：123456
请再次输入密码：1234
两次密码不一致请重新输入密码!!
请输入密码：123456
请再次输入密码：123456

注册成功！欢迎您！
 你注册的用户名是：ngj
你注册的密码是：123456
```

任务评价

任务编号	任务实现		代码规范性	综合素养
	任务点	评分		
5-3	定义存放用户名和密码的数组			
	使用死循环和 strlen()函数校验用户名和密码长度			
	使用 for 循环输出用户注册的用户名和密码			
5-4	定义存放用户名、密码和二次输入密码的数组			
	使用死循环和 strcmp()函数校验两次输入密码的一致性			
	使用 puts()函数输出用户注册的用户名和密码			

填表说明：
1. 任务实现中每个任务点评分为 0~100。
2. 代码规范性评价标准为 A、B、C、D、E，对应优、良、中、及格和不及格。
3. 综合素养包括学习态度、学习能力、沟通能力、团队协作等，评价标准为 A、B、C、D、E，对应优、良、中、及格和不及格。

总结与思考

_____

_____

_____

任务 5.3 矩阵存储，成绩归档——二维数组

任务导语

　　假设我们班有 5 位同学，大家本学期都学习了 3 门课，如果要用 C 程序来管理这些同学的成绩，该如何选择一个适合的数据结构来完成这个任务呢？来看看我们的任务吧！

任务单

任务名称	矩阵存储，成绩归档	任务编号	5-5
任务描述	保存 5 位同学的 3 门课成绩，并将成绩以列表方式显示输出	任务效果	使用数组存储多位同学的多门成绩
任务目标	1. 了解二维数组的存储形式 2. 掌握二维数组的访问方法		

知识导入

如果把一维数组看作线性序列的话，二维数组通常被看作一个二维表格，以行和列的形式存储数据。

一、二维数组的定义

格式：类型　数组名[下标 1][下标 2]

功能：定义一个有[下标 1]行，[下标 2]列组成二维数组

举例：int a[5][4]; //定义一个 int 类型的二维数组，数组名为 a，数组有 5 行 4 列。

二、二维数组的初始化

二维数组的初始化与一维数组类似，下面介绍两种常见的初始化方式。

（1）分行初始化。例如：

```
int a[5][4]={{1,2,3,4},{5,6,7,8},{9,10,11,12},{13,14,15,16},{17,18,19,20}};
```

上述数组 a 的初始化，内层每一组大括号就表示一行，里面的 4 个数字·就表示该行的 4 个元素，故内层的 "{}" 共有 5 组，整个数组 a 有 20 个元素。从逻辑上可以形象地看成一个表格，如图 5-4 所示。

1	2	3	4
5	6	7	8
9	10	11	12
13	14	15	16
17	18	19	20

图 5-4　二维数组初始化

这种嵌套{}的初始化形式还可以为部分元素赋值，例如：

```
int a[3][4]={{1},{2,3},{4}};
```

此命令将第 1 行的第 1 个元素 a[0][0]赋值为 1，将第 2 行的前两个元素 a[1][0]、a[1][1]分别赋值为 2、3，将第 3 行的第 1 个元素 a[2][0]赋值为 4。

（2）可以按照一维数组的方式初始化，将所有数据写在一对{}中，系统自动按顺序一一对应赋值。例如：

```
int a[2][3]={1,2,3,4,5,6};
```

赋值后，数组 a 每个元素的值为：a[0][0]=1，a[0][1]=2，a[0][2]=3，a[1][0]=4，a[1][1]=5，a[1][2]=6。

注意：如果对二维数组的所有元素赋值，可以省略第一维下标，因此上例可写为：

```
int a[][3]={1,2,3,4,5,6};
```

但第二维下标不能省略。

三、二维数组的引用

二维数组元素引用一般形式如下：

数组名[下标 1][下标 2]

例如：

a[1][0]=1;   //将第二行第一列的元素赋值为 1

二维数组的元素是按行和列存放的，因此二维数组元素的访问往往会用 2 层循环来实现。

📂 任务实现

任务名称	矩阵存储，成绩归档	任务编号	5-5
任务分析	需要定义一个 5×3 的二维数组来存放任务中 5 位同学的 3 门课成绩；通过循环依次将每位同学的成绩在控制台中显示	任务讲解	使用数组存储多位同学的多门课成绩
参考代码	```#include <stdio.h>
int main()
{
float scores[5][3]={{60,70,82},{86,75,56},{90,87,92},{86,98,67},{62,65,59}};
printf("序号\t 英语\t 数学\t 计算机\n");
int i,j;
for(i=0;i<5;i++)
{
printf("%d\t",i+1);
for(j=0;j<3;j++)
{
printf("%.2f\t",scores[i][j]);
}
printf("\n");
}
return 0;
}```		
执行结果	序号 英语 数学 计算机 1 60.00 70.00 82.00 2 86.00 75.00 56.00 3 90.00 87.00 92.00 4 86.00 98.00 67.00 5 62.00 65.00 59.00		

📂 任务拓展

任务名称	编写程序计算每位同学的平均分	任务编号	5-6
任务描述	输入 3 位同学 3 门课的成绩，计算每位同学的平均分并输出	任务讲解	计算每位同学的平均分
任务提示	二维数组元素的访问需要用到 2 层嵌套的循环，外循环控制行，内循环控制列		

| 参考代码 | ```c
#include <stdio.h>
int main()
{
    float scores[3][3];    //定义数组存放 3 位同学 3 门功课成绩
    float sum,avg;
    int i,j;
    for(i=0;i<3;i++)
    {
        for(j=0;j<3;j++)
        {
            printf("请输入第%d 位同学第%d 门课的成绩：",i+1,j+1);
            scanf("%f",&scores[i][j]);
        }
    }
    printf("********************************\n");
    printf("  序号\t 平均分\n");
    for(i=0;i<3;i++)
    {
        sum=0;
        for(j=0;j<3;j++)
        {
            sum=sum+scores[i][j];
        }
        avg=sum/3;
        printf("  %d\t%.2f\n",i+1,avg);
    }
    return 0;
}
``` |
| 执行结果 | ```
请输入第1名同学第1门课的成绩:87
请输入第1名同学第2门课的成绩:89
请输入第1名同学第3门课的成绩:90
请输入第2名同学第1门课的成绩:67
请输入第2名同学第2门课的成绩:72
请输入第2名同学第3门课的成绩:83
请输入第3名同学第1门课的成绩:90
请输入第3名同学第2门课的成绩:65
请输入第3名同学第3门课的成绩:81
************************************
    序号    平均分
    1       88.67
    2       74.00
    3       78.67
``` |

📁**任务评价**

任务编号	任务实现		代码规范性	综合素养
	任务点	评分		
5-5	定义存放成绩的二维数组并初始化			
	使用双层 for 嵌套循环输出成绩			
	使用输出格式控制符保持输出结果的美观			
5-6	定义存放成绩的二维数组			
	在双层 for 嵌套循环中使用 scanf() 函数接收成绩			
	使用双层 for 嵌套循环计算每个人的平均成绩并输出			

填表说明：
1. 任务实现中每个任务点评分为 0～100。
2. 代码规范性评价标准为 A、B、C、D、E，对应优、良、中、及格和不及格。
3. 综合素养包括学习态度、学习能力、沟通能力、团队协作等，评价标准为 A、B、C、D、E，对应优、良、中、及格和不及格。

📁**总结与思考**

_____

_____

_____

任务 5.4　全员探索，薪资之巅——数组实现常用算法

📁**任务导语**

公司里每个人的收入都不一样，怎么找到全公司收入最高的那个人呢？来看看我们的任务吧！

📁**任务单**

任务名称	全员探索，薪资之巅	任务编号	5-7
任务描述	在全公司员工的工资数据中找出工资最高的人	任务效果	找出公司收入最高的人
任务目标	掌握使用数组解决常见问题的方法：最值、排序、查找、插入等		

📁知识导入

数组用于存储一组数据。在现实中，我们经常遇到在一组数据中求最值（最大值或最小值）、排序、查找、插入、删除等问题，下面我们来使用数组实现这些常用算法。

数组常用算法

一、最值问题

求一组数中的最大值或最小值是常见的场景，解决思路为：定义一个最大值变量 max（或最小值变量 min）并将数组第一个元素的值赋给它，然后对数组进行遍历，在遍历过程中该值与数组的每一个元素比较大小，若当前元素值大于最大值（或小于最小值）则将当前元素的值重新赋给 max（或 min），遍历结束后 max 即为数组的最大值（或 min 为最小值）。

求最小值的核心伪代码：

```
for(int i=0;i<数组长度;i++)
{
    //找最小值
        if(min>a [i])
        {
                min =a [i];
        }
}
```

二、顺序查找

顺序查找就是给定一个值 n，在数组中查询 n 是否存在，如果找到则输出 n 的位置，若不存在则提示"该数不存在"。

程序示例 5-1：已知一个数组有 10 个数，键盘输入一个数，在数组中查找这个数。

```
#include <stdio.h>
int main()
{
    int a[10]={12,2,34,-56,78,3,23,-149,5,0};
    int n;
    printf("请输入要查找的数：");
    scanf("%d",&n);
    int i;
    int p=-1;        //记录查找位位置，初值为-1 表示没找到
    //开始查找
    for(i=0;i<10;i++)
    {
        if(a[i]==n)
        {
```

```
                p=i;      //找到则把位置赋值给 p
                break;
            }
    }
    //显示查找结果
    if(p!=-1)
    {
        printf("%d 是数组中的第%d 个数\n",n,p+1);
    }
    else
    {
        printf("没有找到！ ");
    }
    return 0;
}
```

三、冒泡排序

排序是我们经常遇到的场景。排序的算法有很多，冒泡排序法是经典排序算法之一，因其运行过程中小的数不断往前移动，就像水底的泡泡不停地往上冒而得名。

冒泡排序的运行原理是每次从数组的第一个元素开始，两两比较，若前一个数比后一个数大（升序）则交换两个元素的位置，使大数后移，若 n 为元素的个数，i 为比较的趟数，每趟都会从 0 开始计数，通过两两比较交换，直到第 n-i-1 的元素和第 n-i 个元素比较结束为一趟，找到当前这一趟最大的数交换到数组第 n-i 的位置，然后又从第一个元素重复上述过程直到整个数组有序为止，n 个元素的数组会比较 n-1 趟。

举例：已知有一数组

`int a[5]={6,3,9,7,5};`

过程分析：冒泡排序的每一趟比较结果如图 5-5 所示，此时 n 为 5。

初始状态	6	3	9	7	5
第一趟比较结束	3	6	7	5	9
第二趟比较结束	3	6	5	7	9
第三趟比较结束	3	5	6	7	9
第四趟比较结束	3	5	6	7	9

图 5-5　冒泡排序过程

冒泡排序算法流程图如图 5-6 所示。

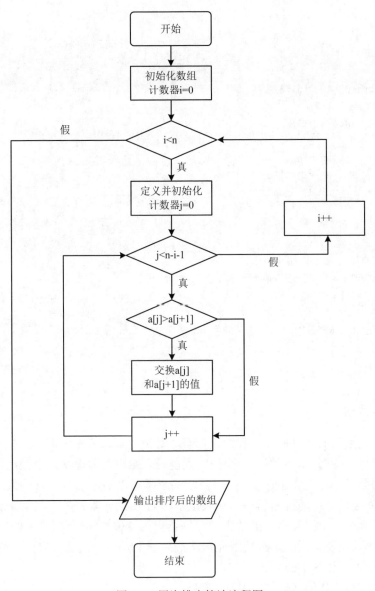

图 5-6　冒泡排序算法流程图

程序示例 5-2：对 10 个数按升序排序后输出。

```c
#include <stdio.h>
int main()
{
    int a[10]={10,7,-8,5,11,12,-14,2,0,4};
    int i,j;
    int temp;
    printf("排序之前原数组元素如下：\n");
    for(i=0;i<10;i++)
    {
        printf("%d\t",a[i]);
```

```c
    }
    //冒泡法排序
    for(i=0;i<10;i++)
    {
        for(j=0;j<10-i-1;j++)
        {
            if(a[j]>a[j+1])
            {
                temp=a[j];
                a[j]=a[j+1];
                a[j+1]=temp;
            }
        }
    }
    //输出排序后的结果
    printf("\n 按升序排序之后数组元素如下：\n");
    for(i=0;i<10;i++)
    {
        printf("%d\t",a[i]);
    }
    return 0;
}
```

四、插入数据

插入数据是数组的常见操作，我们以在有序数组中插入数据为例介绍插入算法，插入以后使数组仍然保持有序。当然，一个数组要能插入数据，前提是这个数组的长度至少比现有元素的个数多 1，在此前提之下插入算法的步骤可以描述如下（以数组升序为例）：

（1）找到插入点：通过遍历操作从数组下标为 0 的元素开始，将每个元素与要插入的数比较，找到第一个比要插入的数大的数停止查找，该数的位置即为插入点。

（2）将插入点及其后的所有数组元素从最后一个元素开始依次后移一位。

（3）在插入点处插入数字 n。

插入算法核心伪代码（以数组升序为例）：

```c
for(int i=0;i<数组长度-1;i++)
    {
        if(a[i]>=n)
        {
            for(int j=数组长度-1;j>i;j--)
            {
                a[j]=a[j-1];
            }
            a[i]=n;
            break;
        }
    }
```

📂任务实现

任务名称	全员探索，薪资之巅		任务编号	5-7
任务分析	定义变量 max_salary 用于保存工资最大值，使用数组求最值的算法即可找到工资最高的人	任务讲解	找出公司收入最高的人	
| 参考代码 | ```c
#include <stdio.h>
#define N 5
int main()
{
    float max_salary;      //保存工资最大值
    float salary[N];       //保存工资数据的数组
    int num=0;             //记录工资最高员工的工号（位置）
    int i;
    for(i=0;i<N;i++)
    {
        printf("请输入第%d 号员工的工资：",i+1);
        scanf("%f",&salary[i]);
        if(i==0)
        {
            max_salary=salary[i];        //假设第 1 位员工工资最高
        }else if(max_salary<salary[i])   //若有更高的工资
        {
            max_salary=salary[i];        //对最大值变量重新赋值
            num=i;                       //记录最大值所在位置
        }
    }
    printf("工资最高的是%d 号员工，他的工资为%.2f 元",num+1,max_salary);
    return 0;
}
``` | | | |
| 执行结果 | 请输入第1号员工的工资：3400
请输入第2号员工的工资：6750
请输入第3号员工的工资：4580
请输入第4号员工的工资：7890
请输入第5号员工的工资：5200
工资最高的是4号员工，他的工资为7890.00元 | | | |
```

📂任务拓展

任务名称	数组中的数据插入	任务编号	5-8
任务描述	在有序的数组中插入一个数，使数组仍然保持有序	任务讲解	数组中的数据插入
任务提示	通过插入算法实现		

参考代码

```c
#include <stdio.h>
#define N 6
int main()
{
    int arr[N]={2,4,6,8,10};    //N 个元素的数组初始化 N-1 个数
    int i,j,n;
    printf("请输入要插入的数：");
    scanf("%d",&n);
    printf("原数组的值为：\n");
    for(i=0;i<N-1;i++)
    {
        printf("%d\t",arr[i]);
    }
    //找到插入位置
    for(i=0;i<N-1;i++)
    {
        if(arr[i]>n)
            break;
    }//i 即为插入点
    //插入点及其后元素后移
    for(j=N-1;j>i;j--)
    {
        arr[j]=arr[j-1];
    }
    //插入数据
    arr[i]=n;
    printf("\n 插入%d 以后的数组为：\n",n);
    for(i=0;i<N;i++)
    {
        printf("%d\t",arr[i]);
    }
}
```

执行结果

```
请输入要插入的数：5
原数组的值为：
2       4       6       8       10
插入5以后的数组为：
2       4       5       6       8       10
```

📂 任务评价

任务编号	任务实现		代码规范性	综合素养
	任务点	评分		
5-7	定义工资相关的变量和数组			
	从控制台输入工资，并将第一位员工工资设为最大值			
	使用 else if 语句判断当前最高工资			
5-8	定义一个前 n-1 个元素有序数组和保存插入数字的变量			
	使用 for 循环与 if 语句找到插入位置			
	移动插入点及其后元素，然后插入该数字			
	使用 for 循环输出插入后的数组			

填表说明：
1. 任务实现中每个任务点评分为 0～100。
2. 代码规范性评价标准为 A、B、C、D、E，对应优、良、中、及格和不及格。
3. 综合素养包括学习态度、学习能力、沟通能力、团队协作等，评价标准为 A、B、C、D、E，对应优、良、中、及格和不及格。

📂 总结与思考

_____

_____

_____

项目任务 1　学生成绩管理系统：使用数组存放学生成绩

📂 任务导语

前边的项目任务中我们已经完成了系统菜单的重复选择和多人成绩 GPA 的计算，本次任务我们将完成系统登录功能，通过数组存储学生成绩信息并实现成绩添加和 GPA 的计算功能。

📂 任务单

任务要求	完成学生成绩管理系统的登录和学生成绩的添加、计算、显示、查询、删除	任务编号	5-9
任务描述	1. 完成系统的登录功能，包括教师端和学生端的登录处理 2. 学生信息的添加，包括姓名、学号，成绩的添加，GPA、总分、平均分的计算 3. 学生信息的显示、查询、删除等	任务讲解	学生成绩管理系统的登录和成绩处理
任务目标	1. 使用数值型数组和字符数组存储学生个人信息 2. 能完成登录校验、接收学生信息和成绩、各个成绩指标的计算		

任务分析

登录功能强相关的两种数据便是账户和密码，在本模块中学习过数组之后，同学们便有能力使用数组存放这两种数据。登录成功的关键就在于输入的账户密码和事先准备的账户密码的比对是否一致，一致则通过校验完成登录，不一致则给予三次重新输入的机会，超过次数则退出系统。登录功能流程如图 5-7 所示。

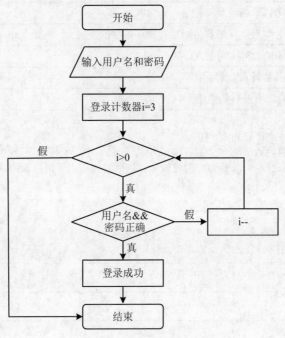

图 5-7　登录功能流程图

添加学生成绩功能所涉及的数据包括学生的姓名、学号、各科成绩、各科的学分，此外还有计算 GPA 过程中产生的过程数据——单科的绩点。其中姓名可以使用字符数组存储；各科成绩、各科学分、单科的绩点都属于同一类型的数据，可以分别定义 3 个 float 型数组存储。本任务约定各数组下标 0 所在位置代表 C 语言的数据，下标 1 所在位置代表 Java 的数据，下标 2 所在的位置代表 MySQL 数据，这样便可借助一个循环完成对应位置数据的计算。若有更多学科，自行规划好下标与相应学科数据的对应关系即可。

存放单科成绩的数组 grades：

grades[0]	grades[1]	grades[2]
90	91	92
C 语言成绩	Java 成绩	MySQL 成绩

存放每科绩点的数组 single_gpa：

single_gpa[0]	single_gpa[1]	single_gpa[2]
4.0	4.1	4.2
C 语言绩点	Java 绩点	MySQL 绩点

存放每科学分的数组 credits：

credits [0]	credits [1]	credits [2]
6.0	4.0	4.0
C 语言学分	Java 学分	MySQL 学分

📂任务实现

1. 登录验证

```c
#include <stdio.h>
int main()
{
    char username[20];          //记录当前登录账号
    char password[20];          //记录当前登录密码
    int login_err_num = 3;      //登录时允许输入错误的次数
    while (login_err_num--)
    {
        printf("请输入账号：");
        scanf("%s", username);
        printf("请输入密码：");
        scanf("%s", password);
        //验证账号密码是否匹配
        if (strcmp("teacher", username) == 0 && strcmp("123", password) == 0)
        {
            //教师登录成功
            printf("\n[ok]请等待…\n");
            printf("\n 老师，欢迎你…\n");
            break;
        }
        else if (strcmp("student", username) == 0 && strcmp("123", password) == 0 )
        {
            //学生登录成功
            printf("\n[ok]请等待…\n");
            printf("\n 同学，欢迎你…\n");
            break;
        }
        else
        {
            //账号或密码错误，登录失败
            if (login_err_num == 0)
            {
                printf("\n[exit]您已输错三次，系统自动退出!\n");
                exit（1）;
            }
            printf("\n[warn]账号密码错误，请重新输入!\n");
            continue;
```

```
        }
    }
    return 0;
}
```

2. 学生成绩添加

```
#include <stdio.h>
int main()
{
    float sum=0,avg=0,gpa=0;
    int id;                 //学号
    char name[20];          //姓名
    //数组：grades 存放各科成绩，single_gpa 存放各科绩点，credits 存放各科学分
    //数组下标：0-C 语言，1-Java，2-MySQL
    float grades[3]={0},single_gpa[3]={0},credits[3]={6.0,4.0,4.0};
    while(1)
    {
        printf("==============================\n");
        printf("请输入要添加学生的信息：\n");
        printf("学号：");
        scanf("%d", &id);
        printf("姓名：");
        scanf("%s", &name);
        // temp 为单科绩点与学分乘积的和，sum_credits 为学分之和
        float temp=0,sum_credits=0;
        int i;
        for( i=0;i<3;i++)
        {
            //根据下标输出对应的提示
            if(i==0)
            {
                printf("C 语言：");
            }
            if(i==1)
            {
                printf("Java：");
            }
            if(i==2)
            {
                printf("MySQL：");
            }
            //输入当前科目成绩
            scanf("%f",&grades[i]);
            //计算总分
            sum+=grades[i];
            //计算单科绩点
            if(grades[i]>=60)
            {
                //如果大于 60 分，则这么算
```

```
                single_gpa[i]=(grades[i]-50)/10;
            }else
            {
                //如果小于 60 分，单科绩点为 0
                single_gpa[i]=0;
            }
            //单科绩点与学分乘积的和
            temp+=credits[i]*single_gpa[i];
            //学分之和
            sum_credits+=credits[i];
        }
        gpa=temp/sum_credits;           //计算 gpa
        avg=sum/3.0;                    //计算平均分
        printf("成绩信息如下：\n");
        printf("----------------------------------------------------------------\n");
        printf("\t 学号\t 姓名\tC\tJava\tMySQL\t 总分\t 平均分\t 绩点\n");
        printf("----------------------------------------------------------------\n");
        printf("\t%d\t%s\t%.0f\t%.0f\t%.0f\t%.1f\t%.1f\t%.1f\n",id,name,grades[0], grades[1],
            grades[2], sum, avg, gpa);
        printf("是否继续添加？[输入 y 继续，输入其他键返回] ");
        char menu_input;
        fflush(stdin);
        scanf("%c", &menu_input);
        if(menu_input=='y'|| menu_input=='Y')
            continue;
        else
            break;
    }
    printf("\n[ok]学生成绩录入完毕!\n");
    return 0;
}
```

有了上面的示例，请试着完成学生成绩的显示、查询和删除。

3. 学生成绩的显示

4. 学生成绩的查询

5. 学生成绩的删除

测试验收单

项目任务	任务实现		代码规范性	综合素养
	任务点	评分		
学生成绩管理系统	教师登录与学生登录			
	学生成绩添加及 GPA 计算			
	学生成绩显示			
	学生成绩查询			
	学生成绩删除			

填表说明：
1. 任务实现中每个任务点评分为 0~100。
2. 代码规范性评价标准为 A、B、C、D、E，对应优、良、中、及格和不及格。
3. 综合素养包括学习态度、学习能力、沟通能力、团队协作等，评价标准为 A、B、C、D、E，对应优、良、中、及格和不及格。

总结与思考

项目任务 2　物联网应用中的 C 程序：音乐播放器

任务导语

我们知道计算机的蜂鸣器是可以发出声音的，那么有没有办法通过蜂鸣器演奏一段音乐呢？来看看我们的任务吧！

任务单

任务要求	让蜂鸣器演奏一段乐曲——卡农	任务编号	5-10
任务描述	通过 C 语言程序驱动硬件播放一段卡农旋律	任务讲解	音乐播放器
任务目标	通过编写程序让蜂鸣器成功播放卡农		

任务分析

本项目程序的原理是将乐曲用到的每个音符存放在数组 tuneCaron 中，每个音符的播放时长存放在数组 durtCaron 中，编写程序控制每个音符的播放时长，使之与卡农旋律匹配，然后将程序下载到单片机中，通过单片机驱动蜂鸣器，蜂鸣器根据程序发出不同的声音，从而达到播放一段旋律的效果。

任务实现

```
/*******************************************************************
说明：
    1. 宏定义音符频率，详情可以在项目文件 tone.cpp 中查看音符与频率对照表
    2. 下述程序作为数组学习，在 music.cpp 中编写完成后编译并下载到硬件
    3. 当触发 ATF 屏上的"第一首"按钮时播放音乐
********************************************************************/
#define NOTE_G4   392
#define NOTE_A4   440
#define NOTE_B4   494
#define NOTE_C5   523
#define NOTE_D5   587
#define NOTE_E5   659
#define NOTE_F5   698
#define NOTE_G5   784

int length;    //音符长度
int tuneCanon[]=
{
  NOTE_G5,NOTE_E5,NOTE_F5,NOTE_G5,NOTE_E5,NOTE_F5,
  NOTE_G5,NOTE_G4,NOTE_A4,NOTE_B4,NOTE_C5,NOTE_D5,NOTE_E5,NOTE_F5
};
int durtCanon[]=
{
  400,200,200,400,200,200,
  200,200,200,200,200,200,200,200
};

void PlayCanon(int beep){
  int i = 0;
  length=sizeof(tuneCanon)/sizeof(tuneCanon[0]);    //调用 sizeof()函数计算音符长度
  for(i=0;i<length;i++){          //遍历数组
    tone(beep,tuneCanon[i]);      //tone()函数产生固定频率的 PWM 信号来驱动扬声器发声
    delay(durtCanon[i]);          //delay()函数为发声时长
    noTone(beep);                 //noTone()函数停止发声
  }
}
```

素质拓展——集中力量办大事

数组在程序中最大的优势就在于将多个类型相同的数据集中存放在一个数据结构中，程序只需要通过访问数组便可以操作数组中的多个数据。这样就避免了定义多个类型相同的变量，让程序对数据的访问更加简洁、集中和高效。

集中力量，才能保证重点；集中资源，才能实现突破。习近平总书记指出："我们最大的优势是我国社会主义制度能够集中力量办大事。这是我们成就事业的重要法宝。" 70 年来新中国走过的辉煌历程证明，我们的国家制度和国家治理体系，具有"坚持全国一盘棋，调动各方面积极性，集中力量办大事的显著优势"。无论是建设现代化工业体系还是攻关重大科技项目，无论是建设国家重大工程还是贯彻防灾救灾、脱贫攻坚、生态保护等重要部署，无不需要善于在社会主义市场经济条件下发挥举国体制优势，无不需要下好全国一盘棋、集中力量协同攻关。正是因为始终在党的领导下集中力量办大事，国家统一有效组织各项事业、开展各项工作，才能成功应对一系列重大风险挑战、克服无数艰难险阻，始终沿着正确方向稳步前进。

自 2012 年以来，我国先后装备了三艘航空母舰。其中最新的一艘是福建舰，它是由我国完全自主设计、自主建造、自主配套的航母。此外它还是第一艘采用弹射起步起飞技术的常规动力航母。在整个航母的建设过程中，无不体现着集中力量办大事的制度优势。调动各方资源和力量形成强大合力，从科研、设计、建造到实验等各个环节都汇聚众多专业人才和团队的智慧与努力。正是这种集中力量办事的优势才让我国的航母事业取得了一次又一次的突破。

所以同学们，在平常的学习和生活中我们要善于集中"资源"办"大事"，资源可以是我们的注意力、我们的时间、我们的体力等。只有集中优势专攻一块，才有可能打开现有的困局，迎来希望的曙光。

习　题　5

一、选择题

1. 在 C 语言中，数组元素的下标从（　　）开始。
   A. 0
   B. 1
   C. 随机
   D. 不确定
2. 以下正确的数组定义是（　　）。
   A. int a[3] = {1, 2, 3, 4};
   B. int a[3] = {1, 2, 3};
   C. int[3] a = {1, 2};
   D. int[3] a = {1};
3. 数组名在 C 语言中代表（　　）。
   A. 数组的第一个元素
   B. 数组所有元素的集合
   C. 数组元素的地址
   D. 数组的长度

4. 要访问数组中的最后一个元素，可以使用（　　）。

    A．a[array_size - 1]　　　　　　　　B．a[array_size]

    C．a[-1]　　　　　　　　　　　　　　D．a[0]

5. 以下不能正确初始化数组的方式是（　　）。

    A．int arr[5] = {0};　　　　　　　　B．int arr[5] = {};

    C．int arr[5]={1};　　　　　　　　　D．int arr[5] = {1, 2, 3, 4, 5};

6. 在 C 语言中，数组的长度（　　）。

    A．可以在运行时确定　　　　　　　　B．必须在编译时确定

    C．可以根据需要动态调整　　　　　　D．以上都不对

7. 要遍历数组中的所有元素，可以使用（　　）。

    A．for 循环　　　　B．while 循环　　　C．do-while 循环　　　D．以上都可以

8. 以下数组定义中，数组元素个数为 5 的是（　　）。

    A．int a[];　　　　　　　　　　　　B．int a[] = {1, 2, 3, 4, 5};

    C．int a[3] = {1, 2, 3, 4, 5};　　　　D．int a[3] = {1, 2, 3};

9. 在 C 语言中，以下语句能够正确输出数组元素的是（　　）。

    A．printf("%d", a);　　　　　　　　B．printf("%s", a);

    C．printf("%d", a[0]);　　　　　　　D．printf("%s", a[0]);

10. 数组在内存中是（　　）存储的。

    A．连续　　　　　　B．随机　　　　　　C．交替　　　　　D．以上都不对

11. 要获取数组的长度，可以使用（　　）。

    A．sizeof 运算符　　　　　　　　　　B．strlen()函数

    C．&array_size　　　　　　　　　　　D．以上都不对

12. 在 C 语言中，数组名是（　　）。

    A．常量　　　　　　B．变量　　　　　　C．指针　　　　　D．以上都不是

二、判断题

1. 数组的下标总是从 0 开始。　　　　　　　　　　　　　　　　　　　（　　）

2. 可以对数组进行整体赋值。　　　　　　　　　　　　　　　　　　　（　　）

3. 数组的长度在运行时可以改变。　　　　　　　　　　　　　　　　　（　　）

4. 数组名是数组首元素的地址。　　　　　　　　　　　　　　　　　　（　　）

5. 可以使用任意大小的数组。　　　　　　　　　　　　　　　　　　　（　　）

6. 数组可以存储不同类型的数据。　　　　　　　　　　　　　　　　　（　　）

7. 可以通过数组名访问数组中的所有元素。　　　　　　　　　　　　　（　　）

8. 数组的定义可以放在函数内部或外部。　　　　　　　　　　　　　　（　　）

9. 数组的元素在内存中是连续存储的。　　　　　　　　　　　　　　　（　　）

10. 可以对数组进行排序操作。　　　　　　　　　　　　　　　　　　（　　）

三、编程题

1. 用筛选法求 100 之内的素数。

2．求一个 3×3 的整型矩阵对角线元素之和。

3．有一个已排好序的数组，要求输入一个数后按原来排序的规律将它插入数组中。

4．将一个数组中的值按逆序重新存放。例如，原来顺序为 8，6，5，4，1，要求改为 1，4，5，6，8。

5．输出如图 5-8 所示的杨辉三角形（要求输出 10 行）。

图 5-8　杨辉三角形示例

模块 6　指　　针

- 理解指针的概念。
- 掌握指针运算。
- 掌握指针与数组的相关知识。

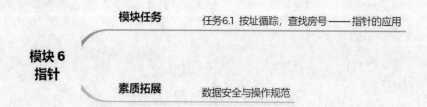

	模块任务	任务6.1　按址循踪，查找房号——指针的应用
模块6 指针		
	素质拓展	数据安全与操作规范

任务 6.1　按址寻踪，查找房号——指针

📂任务导语

　　小明一家外出旅游，找到酒店办理好入住后外出游玩，回到酒店后忘记了自己的房间在哪里。在生活中遇到这样的问题，我们可以在酒店前台的帮助下找到自己的房号。如果我们把变量比作酒店的房间，那在 C 语言中我们可以找到变量的地址吗？来看看我们的任务吧！

📂任务单

任务名称	按址循踪，查找房号	任务编号	6-1
任务描述	如果将小明和爸爸住的房间比作 C 语言中的两个内存变量，请编程求出他们在内存中的"房间号"	任务效果	找到我的房间号
任务目标	1. 掌握指针的概念 2. 掌握指针的定义及使用		

📂知识导入

指针是 C 语言提供的一种特殊的数据类型，它存储的是变量的地址。通过指针，可以灵活地处理数据，提高程序执行的效率。

指针的使用

为了更好地理解指针，我们作一个比喻：若把酒店的房间看作是计算机的内存，每个房间的房号就是内存地址，而入住的客人就是内存中的数据。

一、指针变量

在计算机中，每一个变量都是有地址的，根据地址就能找到某个变量，而指针变量存放的就是这个地址。

1. 指针变量的定义

格式：数据类型　*指针变量名;

说明：数据类型可以是基本数据类型或构造数据类型，变量名前面的"*"是专门用于定义指针的标识符，用*定义的变量是指针变量，存放的是地址，而普通变量存放的是值。

举例：

```
int a;     //定义一个整型变量 a，用于存放整数
int *p;    //定义指针变量 p，用于存放整型数据的地址
```

2. 指针运算

指针作为一种特殊的数据类型同样也可以参与运算，与其他数据类型不同的是，指针的运算都是针对内存中的地址来实现的，常用的运算符有以下两种：

（1）取址运算符&。在程序中定义一个变量时会在内存中开辟一个空间用于存放该变量的值，每一个为变量分配的内存空间都有一个唯一的编号，这个编号就是变量的地址。取址运算符的作用就是用于取出指定变量在内存中的地址，例如：

```
int i=1;    //定义整型变量 i，值为 1
int *j=&i;  //定义指针变量 j，值为变量 i 的地址
```

说明：指针变量 j 定义为整型，意味着它只能存放整型变量的地址。

（2）取值运算符*。在 C 语言中针对指针运算还提供了一个取值运算符，其作用是根据给定的内存地址取出该地址对应变量的值。取值运算符使用"*"符号表示。

格式：*指针变量名

例如：

```
int i=1;
int *j=&i;          //定义指针变量 j，并将它赋值为变量 i 的地址
printf("j=%p\n",j);    //输出 j 的值
printf("*j=%d\n",*j);  //输出 j 所指向的变量（i）的值
```

说明：其中，"&"为取地址符，指针变量 j 保存的是 i 的地址；"*"为取值运算符，*j 表示的是 j 所指向的变量的值，即 i 的值 1。

二、指向数组的指针

指针变量不仅可以指向变量，也可以指向数组。可以通过指向数组的指针访问数组元素。

我们知道可以通过下标索引的方式来访问数组中的每个元素，也可以通过指针访问数组元素。C 语言的数组名默认指向数组在内存中的首地址，即第一个元素的地址，同时数组中的元素在内存中是连续存放的，所以也可以用指针来访问数组。下面以一维数组为例来学习指针对数组的访问。

1. 定义指向一维数组的指针

格式：数据类型 *指针变量名=数组名；

说明：指针的数据类型必须与所指向的数组的数据类型相同。

2. 使用指针访问数组

当指针指向一个数组时，它指向的是该数组的首地址，例如：

```
int a[5]={1,2,3,4,5};
int *p=a;                //定义指针变量 p 指向数组 a
```

此时，指针变量 p 指向数组 a 的首地址，即 a[0]元素的地址。当需要将指针指向下一个元素的时候，可以用 p+1 来表示，以此类推，当我们要将指针指向数组的第 i 个元素的时候，可以用 p+i 表示，如图 6-1 所示。

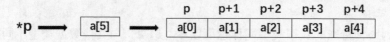

图 6-1　使用指针访问数组

程序示例 6-1： 使用指针遍历数组。

```
#include <stdio.h>
int main()
{
    int    arr[5]={1,2,3,4,5};
    int    *p=arr;              //定义指针变量 p 指向数组 arr
    int    i=0;
    int    len=4;              //len 用于控制循环次数
    for(i=0;i<=len;i++)        //遍历数组
    {
        printf("arr 数组的第%d 个元素是：%d\n",i,*p+i);    //*p+i 用指针访问数组元素
    }
    return 0;
}
```

运行结果如图 6-2 所示。

```
arr数组的第0个元素是：1
arr数组的第1个元素是：2
arr数组的第2个元素是：3
arr数组的第3个元素是：4
arr数组的第4个元素是：5
```

图 6-2　指针遍历数组的执行结果

三、指针与字符串

在 C 语言中，除了可以用字符型数组存储字符串外，也可以使用字符指针指向一个字符串，如 char *string="Hello World";，该语句表示定义字符型指针变量 string，并使它指向字符串常量"Hello World"，系统在执行该语句时会自动在内存中开辟一个字符数组存放该字符串常量。因此可以使用指针对数组的访问方式来访问该字符串。

程序示例 6-2：使用指针复制字符串。

```
#include <stdio.h>
int main()
{
    char *string = "Hello, world!";    //定义指向字符串常量的指针变量 string
    char new_string[50];
    char *d = new_string;              //定义指针变量 d，指向 new_string 数组的首地址
    while ((*d++ = *string++) != '\0');
    //使用 while 循环将字符逐个从 string 复制到 new_string，直到遇到'\0' 结束循环
    printf("复制后的新字符串 new_str 是：%s\n",new_string);
    return 0;
}
```

运行结果如图 6-3 所示。

复制后的新字符串new_str是：Hello, world!

图 6-3　通过指针复制字符串执行结果

任务实现

任务名称	按址循踪，查找房号	任务编号	6-1
任务分析	小明和爸爸入住酒店以后，在后台管理系统中已经存储了小明和爸爸的房间号。我们把小明和爸爸比作内存中的数据，那么房间号则分别对应相关数据的地址，所以只需要用取址运算符就可以找到小明和爸爸的房间号	任务讲解	找到我的房间号

参考代码	`#include<stdio.h>`
	`void main()`
	`{`
	`    char father='F',son='M';    //房间 father 住父亲 F，房间 son 住小明 M`
	`    char *pf = &father;          //指针变量 pf，存储 father 变量的地址`
	`    char *px = &son;             //指针变量 px，存储 son 变量的地址`
	`    printf("爸爸所在的房间是：%p\n",&father);    //输出 father 变量的地址`
	`    printf("小明所在的房间是：%p\n",&son);       //输出 son 变量的地址`
	`}`		

执行结果	爸爸所在的房间是：000000000061FE0F 小明所在的房间是：000000000061FE0E		

⌂任务拓展

任务名称	猜猜我想对你说什么？		任务编号	6-2
任务描述	定义一个指针数组存放你想对同桌说的话，让同学选择对应的序号，显示出你想对他说的话		任务讲解	猜猜我想对你说什么？
任务提示	1. 定义一个指针数组*string[]，将你想对同桌说的话写入数组 2. 根据同桌的选择输出数组中对应的元素			

参考代码	```c
	#include <stdio.h>
	int main()
	{
	    //定义一个字符指针数组，数组中的每个元素都是指向字符串的指针
	    char* string[] = { "I love you!",
	                      "I miss you!",
	                      "I like you!",
	                      "I wait for you!",
	                      "I can not live without you!"
	                    };
	    printf("猜猜我想对你说…… \n");
	    printf("请选择 1～5： ");
	    int choice=0;
	    scanf("%d", &choice);
	    printf("我想对你说： ");
	    if (choice > 0 && choice < 6)
	    {
	        printf("%s\n", string[choice - 1]);
	    }
	    else
	    {
	        printf("输入错误，请重新输入 1～5 中的数字！ ");
	    }
	    return 0;
	}
	``			

执行结果	我想对你说：1 ~ 5 请选择 :4 I wait for you!			

📂 任务评价

任务编号	任务实现		代码规范性	综合素养
	任务点	评分		
6-1	定义两个指针变量 father 和 son，表示父亲和儿子所住的房间			
	定义两个指针变量，接收 father 和 son 的地址			
	输出两个指针变量存放的地址			
6-2	定义指针数组，存放想对同桌说的话			
	scanf 语句接收用户的选择			
	根据下标对指针数组中的元素取值			
	输入指针数组中满足条件的元素			

填表说明：

1．任务实现中每个任务点评分为 0~100。

2．代码规范性评价标准为 A、B、C、D、E，对应优、良、中、及格和不及格。

3．综合素养包括学习态度、学习能力、沟通能力、团队协作等，评价标准为 A、B、C、D、E，对应优、良、中、及格和不及格。

📂 总结与思考

_____

_____

_____

_____

素质拓展——数据安全与操作规范

指针作为 C 语言中的一个重要概念，直接关联到内存地址的操作，因此对数据的安全性有着直接的影响。指针在使用前必须被初始化。未初始化的指针（野指针）可能指向任何内存地址，包括受保护的或未分配的内存区域，这可能导致数据泄露、数据损坏或程序崩溃。通过指针可以直接访问和修改内存中的数据。如果指针被恶意利用，攻击者能够绕过正常的访问控制机制，直接访问或篡改敏感数据。作为一名程序员，我们在使用指针时一定要谨慎，要遵循良好的操作规范和安全准则。

2023 年 6 月，北京市公安局昌平分局某大队在工作中发现，北京一软件公司研发的"数据分析系统"存在严重的数据泄露隐患。经过进一步调查，发现该系统内存有大量用户敏感数据，但这些数据并未采取加密措施，系统服务器也未采取任何网络防护措施和技术防护措施，导致 19.1GB 个人敏感信息暴露在互联网上。此外，该公司还未制定数据安全管理制度，未充分落实网络安全等级保护制度。北京市公安局昌平分局根据《中华人民共和国数据安全法》的相关规定，给予该企业警告，并处罚款五万元，责令限期改正。这一处罚不仅是对该公司的惩戒，也是对其他企业和网络运营者的警示，提醒他们必须严格遵守数据安全保护法律法规，加强数据安全管理和防护工作。

数据安全不仅关乎组织的商业机密和核心竞争力，也关乎个人隐私的保护。而操作规范是保障数据安全的关键，它要求我们在数据处理的各个环节中严格遵守相关规定，确保数据的安全性和合规性。一旦数据泄露或被非法利用，可能会导致巨大的经济损失、声誉损害，甚至法律纠纷。因此，我们必须牢固树立数据安全意识，严格遵守操作规范。

习　题　6

一、选择题

1. 下列关于指针说法的选项中，正确的是（　　）。

   A．指针是用来存储变量值的类型

   B．指针类型只有一种

   C．指针变量可以与整数进行相加或相减

   D．指针不可以指向函数

2. 下列选项中（　　）是取值运算符。

   A．*　　　　　　　B．&　　　　　　　C．#　　　　　　　D．$

3. 下列不属于指针变量 p 的常用运算的是（　　）。

   A．p++　　　　　　B．p*1　　　　　　C．p--　　　　　　D．p+2

4. 下列关于指针变量的描述中，不正确的是（　　）。

   A．在没有对指针变量赋值时指针变量的值是不确定的

   B．同类指针类型可以进行相减操作

   C．在使用没有赋值的指针变量时不会出现任何问题

   D．可以通过指针变量来取得它所指向的变量值

5. 下列关于字符指针的说法中正确的是（　　）。

   A．字符指针实际上存储的是字符串首元素的地址

   B．字符指针实际上存储的是字符串中所有元素的地址

   C．字符指针与字符数组的唯一区别是字符指针可以进行加减运算

   D．字符指针实际上存储的是字符串常量值

二、判断题

1. 指针变量只能存储整数值。　　　　　　　　　　　　　　　　　　（　　）

2. 指针变量的值可以改变，但是指针所指向的变量的值不能改变。　　（　　）

3. 指针变量可以被赋值为 NULL，表示该指针不指向任何变量。　　（　　）

4．指针变量可以指向不同类型的变量。　　　　　　　　　　　（　　）

5．一个指针变量的值是一个地址值。　　　　　　　　　　　　（　　）

三、编程题

编写一个程序，用指针实现对两个整数值的交换。

提示：

（1）定义一个方法实现交换功能，该方法接受两个指针类型的变量作为参数。

（2）在控制台中输出交换后的结果。

模块 7　结　构　体

- 掌握结构体的定义
- 掌握结构体变量的使用
- 掌握结构体数组的使用

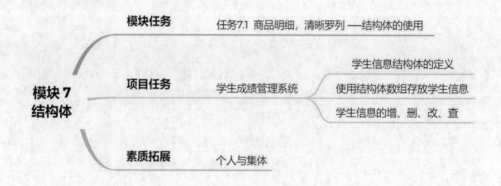

任务 7.1　商品明细，清晰罗列——结构体

📂 任务导语

在超市购物结账后，我们都会拿到收银小票，上面记录了购买商品的名称、单价、数量等信息，那在 C 语言中有没有办法使用一种数据结构存储这些不同数据类型的商品信息，又该怎样打印收银条呢？来看看我们的任务吧！

📂 任务单

任务名称	商品明细，清晰罗列	任务编号	7-1
任务描述	根据商品的购买信息打印收银小票	任务效果	打印商品的收银条

任务目标	1. 掌握结构体的定义 2. 掌握结构体变量的使用方法 3. 掌握结构体数组的用法

📂 知识导入

C 语言中基本数据类型的变量只能存放单个数据，而数组只能处理相同类型的一组数据，当处理不同类型的关联数据时，我们需要将不同类型的数据组合成一个有机的整体，此时我们可以使用结构体类型。

结构体的使用

一、结构体类型

结构体类型是一种构造数据类型，它是由若干数据项组合而成的复杂数据对象，这些数据项称为结构体的成员，每个成员都有自己的名字，称为结构体成员名。

声明结构体类型的一般形式为：

```
struct  结构体名
{
    数据类型  成员名 1;
    数据类型  成员名 2;
    数据类型  成员名 3;
    …
};
```

说明：

（1）结构体名由用户根据标识符命名规则指定。

（2）{ }内是该结构体所包括的子项，即结构体成员。结构体成员是组成结构体的要素，它们的数据类型可以是基本数据类型，也可以是构造类型。

（3）结构体定义后并不分配内存空间，只有使用它定义变量或数组才会为变量或数组分配内存空间。

（4）结构体定义一般放在程序的开始部分，位于头文件声明之后。

代码举例：

```
struct student
{
    int num;                //学号
    char name[20];          //姓名
    char sex;               //性别
    int age;                //年龄
    float score;            //成绩
};
```

代码分析：本例用 struct 关键字定义一个名为 student 的结构体类型，用于存储学生的基本信息，它包含了 5 个成员，即 num、name[20]、sex、age 和 score，分别用于存放学号、姓名、性别、年龄和成绩。

二、结构体变量

结构体是一种自定义的数据类型，系统并不会为它分配空间，而使用结构体类型定义的变量是要分配空间的。

1. 结构体变量的定义

定义结构体变量的形式主要有以下两种：

（1）先声明结构体类型再定义变量。

例如，已声明结构体类型 struct student，可以用该数据类型来定义变量。

```
struct student stu1,stu2;          /*定义结构体变量 stu1 和 stu2*/
```

stu1 和 stu2 是用 student 定义的结构体变量，系统为这两个变量分配的空间如图 7-1 所示。

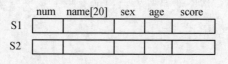

图 7-1   结构体变量 S1 和 S2 的结构图

（2）在声明结构体类型的同时定义变量。

```
struct 结构体名
{
    数据类型 成员名 1;
    数据类型 成员名 2;
    数据类型 成员名 3;
    …
}结构体变量名表列;
```

例如：

```
struct book
{
    char name[50];      //书名
    char author[30];     //作者
    float price;        //价格
}book1,book2;        //定义结构体 book 及 book 类型的变量 book1 和 book2
```

本例在声明一个名为 book 的结构体类型的同时声明了变量 book1、book2 为该结构体类型。

2. 结构体变量的初始化

与基本数据类型的变量和数组一样，可以在定义结构体变量的同时对其初始化，其一般形式为：

struct 结构体名 结构体变量名={初始化列表};

例如：

```
struct book book1={"三体","刘慈欣",38};
```

初始化列表中的每个值将按从左至右的顺序依次提供给结构体变量的每个成员。

3．结构体变量的引用

结构体变量的引用包括对结构体变量各成员的赋值、修改或运算。访问结构体变量的成员需要使用成员运算符"．"（也称"圆点运算符"），其一般形式为：

结构体变量名.成员名

代码举例：

```
struct book book2;                    //声明结构体变量 book2
strcpy(book2.name,"平凡的世界");       //将 book2 的 name 成员（书名）赋值为"平凡的世界"
strcpy(book2.author,"路遥");          //将 book2 的 author 成员（作者）赋值为"路遥"
printf("请输入书籍价格：");
scanf("%f",book2.price);              //输入 book2 的 price 成员（价格）的值
```

程序示例 7-1：根据学员的成绩，输出不及格学员的个人信息。

```
#include <stdio.h>
struct student
{
    int num;            //学号
    char name[10];      //姓名
    float score;        //成绩
};
void main()
{
    struct student stul={1,"郭靖",61};
    struct student stu2={2,"杨过",92.5};
    struct student stu3={3,"张无忌",59};
    printf("不及格学员的名单如下：\n");
    if(stul.score<60)
    printf("%d\t%s\t%5.2f\n",stul.num,stul.name,stul.score);
    if(stu2.score<60)
    printf("%d\t%s\t%5.2f\n",stu2.num,stu2.name,stu2.score);
    if(stu3.score<60)
    printf("%d\t%s\t%5.2f\n",stu3.num,stu3.name,stu3.score);
    if(stul.score>=60 && stu2.score>=60 && stu3.score>=60)
    printf("没有不及格的学员。\n");
}
```

三、结构体数组

一个结构体变量只能存放一组数据，如一个学生的学号、姓名、成绩等信息，如果有多名学生，就需要使用结构体数组了。结构体数组用于存储具有相同数据结构的一个群体的信息，如一个班的学生信息、一个书店的书籍信息等。

1．结构体数组的定义

结构体数组仍然遵循"先定义后使用"的原则，其定义方法与定义结构体变量的方法类似，只需说明它为数组即可。例如：

```
struct student stu[10];        //定义有 10 个元素的数组 stu，每个元素都是 student 类型
```

也可在声明结构体类型的同时直接定义结构体数组，例如：

```
struct student
{
    int num;
    char name[20];
    float score;
}stu[10];    //定义结构体数组
```

2. 结构体数组的使用

结构体数组的引用方法和结构体变量的引用方法类似，其一般形式为：

结构体数组名[下标].成员名

例如 stu[0].num、stu[9].score。

3. 结构体数组的初始化

结构体数组也可以在定义的同时进行赋值，即对结构体数组初始化。例如：

```
struct student stu[2]={{202301,"李文",85},{202302,"刘毅",91}};
```

程序示例 7-2：根据学员的成绩，输出不及格学员的个人信息。

```
#include <stdio.h>
struct student
{
    int num;              //学号
    char name[10];        //姓名
    float score;          //成绩
};
void main()
{
    struct student stu[3]={{1,"郭靖",61},{2,"杨过",92},{3,"张无忌",59}};    //定义数组并赋值
    printf("\t 不及格学员的名单如下：\n");
    printf("----------------------------------\n");
    int i=0;
    int flag=1;    //标志变量，标志是否有不及格的学员，初值为 1，假设没有人不及格
    for(i=0;i<3;i++)
    {
        if(stu[i].score<60)
        {
            printf("\t%d\t%s\t%5.2f\n",stu[i].num,stu[i].name,stu[i].score);
            flag=0;    //如果有人不及格，将 flag 赋值为 0
        }
    }
    printf("----------------------------------\n");
    if(flag==1)
    {
        printf("\t 没有不及格的学员。\n");
    }
}
```

📂任务实现

任务名称	商品明细，清晰罗列		任务编号	7-1
任务分析	商品的基本信息包括商品名称、商品单价、购买数量，定义结构体 product 包含上述三项信息，并用该结构体定义变量存放当前商品信息，根据单价和数量计算商品的总价并输出收银小票		任务讲解	打印商品的收银条

参考代码	<pre>#include <stdio.h>
	struct product
	{
	    char name[50]; //商品名称
	    float price; //商品价格
	    int quantity; //商品数量
	};
	int main()
	{
	    struct product goods;
	    strcpy(goods.name,"笔记本"); //购买商品的名称
	    goods.price=4.5; //购买商品的单价
	    goods.quantity=2; //购买商品的数量
	    printf("商品名称\t 商品单价\t 商品数量\n");
	    float total=goods.price*goods.quantity; //计算商品总价
	    printf("-----------------------------------\n");
	    printf("%s\t\t%.2f\t\t%d\n",goods.name,goods.price,goods.quantity);
	    printf("-----------------------------------\n");
	    printf("应付总金额：\t\t\t%.2f\n",total);
	    return 0;
	}</pre>			

执行结果	<table><tr><td>商品名称</td><td>商品单价</td><td>商品数量</td></tr><tr><td>笔记本</td><td>4.50</td><td>2</td></tr><tr><td>应付总金额：</td><td></td><td>9.00</td></tr></table>			

📂任务拓展

任务要求	打印超市的收银条		任务编号	7-2
任务描述	购买超市的多件商品，打印商品购买清单及总金额		任务讲解	打印超市的收银条
任务提示	1. 商品信息的存放需要定义结构体类型 2. 多件商品存放需要定义结构体数组			

参考代码	<pre>#include <stdio.h>
	struct product
	{</pre>			

| 参考代码 | ```c
        char name[50];       //商品名称
        double price;        //商品价格
        int quantity;        //商品数量
};
int main()
{
        struct product goods[20];    //定义结构体数组接收商品信息
        int i=0;
        double total=0;
        char answer;
        while（1）
        {
            printf("请输入商品名称：");
            scanf("%s",goods[i].name);
            printf("请输入商品价格：");
            scanf("%lf",&goods[i].price);
            printf("请输入商品数量：");
            scanf("%d",&goods[i].quantity);
            total=total+goods[i].price*goods[i].quantity;
            i++;
            fflush(stdin);    //清空输入缓冲区
            printf("是否继续购买？（y/n）");
            answer=getchar();
            if(answer=='y'|| answer=='Y')
                continue;
            else
                break;
        }
        printf("商品名称\t 商品单价\t 商品数量\n");
        printf("-----------------------------------\n");
        int j;
        for(j=0;j<i;j++)
{
printf("%s\t\t%.2f\t\t%d\n",goods[j].name,goods[j].price,goods[j].quantity);
        }
        printf("-----------------------------------\n");
        printf("应付总金额：\t\t\t%.2f\n",total);
        return 0;
}
``` |
|---|---|
| 执行结果 |
请输入商品名称：笔记本
请输入商品价格：5.5
请输入商品数量：2
是否继续购买？(y/n)y
请输入商品名称：沐浴露
请输入商品价格：32
请输入商品数量：1
是否继续购买？(y/n)n
商品名称　　　　商品单价　　　商品数量

笔记本　　　　　5.50　　　　　2
沐浴露　　　　　32.00　　　　1

应付总金额：　　　　　　43.00 |
```

🗁 任务评价

任务编号	任务实现		代码规范性	综合素养
	任务点	评分		
7-1	定义结构体存储商品的名称、数量、价格			
	对结构体变量初始化			
	结构体变量的操作			
	规范输出商品的明细			
7-2	定义结构体存储商品的名称、数量、价格			
	定义结构体数组，存储不同商品的信息			
	对结构体数组进行初始化			
	遍历结构体数组的元素并格式化输出			

填表说明：

1. 任务实现中每个任务点评分为 0~100。

2. 代码规范性评价标准为 A、B、C、D、E，对应优、良、中、及格和不及格。

3. 综合素养包括学习态度、学习能力、沟通能力、团队协作等，评价标准为 A、B、C、D、E，对应优、良、中、及格和不及格。

🗁 总结与思考

_____

_____

_____

_____

_____

项目任务 学生成绩管理系统：使用结构体数组存放学生信息

🗁 任务导语

在前面的项目任务中，我们通过定义数组存放学生的各科成绩并对成绩进行计算和管理，但由于基本类型的数组只能存放同一种类型的数据，无法在一个数组中存储学生的全部个人信息，因此学生信息有缺失。本模块学习了结构体类型后这个问题就可以解决了。

📁 任务单

任务要求	将学生成绩管理系统中保存学生信息的数组定义为结构体类型并实现相关操作	任务编号	7-3
任务描述	1. 学生信息结构体数组的定义 2. 学生信息的添加 3. 学生信息的查询 4. 学生信息的修改 5. 学生信息的删除	任务讲解	使用结构体数组 存放学生信息
任务目标	通过结构体数组存放学生完整信息并实现相关操作		

📁 任务分析

前面的项目任务中，我们已经能够将学生各科的成绩存放到数组中，实现学生信息的添加。但由于基本数据类型的数组只能存放一种类型的数据，如果要对学生的其他信息（如姓名、学号等）进行添加，就需要使用多个数组来分类存放数据，再通过数组下标建立联系，这是非常不方便的。在学习了结构体类型后，我们的思路就豁然开朗了，将不同类型的数据结构定义为结构体类型，一个结构体变量就可以存放一个学生的全部信息（包括学号、姓名、各科成绩等），使用结构体数组就可以存放全部同学的所有信息。

📁 任务实现

1. 学生信息结构体的定义

本项目定义一个名为 student 的结构体类型，包含本项目中学生的完整信息。

```c
/* 结构体 学生信息 */
struct student {
    int id;                 //学号
    char name[20];          //姓名
    float c_grade;          //C 语言成绩
    float java_grade;       //Java 成绩
    float mysql_grade;      //MySQL 成绩
    float sum;              //总分
    float avg;              //平均分
    float gpa;              //平均绩点
};
```

2. 学生信息的添加

学生信息存放在结构体数组中，定义一个 student 类型的数组，用于存放学生信息。

```c
#include <stdio.h>
/* 结构体 学生信息 */
struct student
{
    int id;                     //学号
    char name[20];              //姓名
```

```
        float c_grade;                //C 语言成绩
        float java_grade;             //Java 成绩
        float mysql_grade;            //MySQL 成绩
        float sum;                    //总分
        float avg;                    //平均分
        float gpa;                    //平均绩点
};
int main()
{
    struct student stu[50];          //学生数组
    int student_number=0;            //当前人数
    while（1）
    {
        printf("==============================\n");
        printf("请输入要添加学生的信息：\n");

        printf("学号：");
        scanf("%d", &stu[student_number].id);
        printf("姓名：");
        scanf("%s", stu[student_number].name);

        printf("C 语言：");
        scanf("%f", &stu[student_number].c_grade);

        printf("Java：");
        scanf("%f", &stu[student_number].java_grade);

        printf("MySQL：");
        scanf("%f", &stu[student_number].mysql_grade);
        stu[student_number].sum = stu[student_number].c_grade + stu[student_number].java_grade +
        stu[student_number].mysql_grade;
        stu[student_number].avg =stu[student_number].sum / 3;
        float c_gpa, java_gpa, mysql_gpa, gpa;
        //计算单科成绩绩点
        if (stu[student_number].c_grade < 60)
            c_gpa = 0;
        else
            c_gpa = (stu[student_number].c_grade - 50) / 10;

        if (stu[student_number].java_grade < 60)
            java_gpa = 0;
        else
            java_gpa = (stu[student_number].java_grade - 50) / 10;

        if (stu[student_number].mysql_grade < 60)
```

```
                mysql_gpa = 0;
            else
                mysql_gpa = (stu[student_number].mysql_grade - 50) / 10;

            //平均 Gpa 计算（学分 c 6    java 4    mysql 4）

            stu[student_number].gpa = (6 * c_gpa + 4 * java_gpa + 4 * mysql_gpa) / (6 + 4 + 4);
            student_number++;
            printf("\n[ok]学生成绩录入完毕！\n");
            printf("是否继续添加？[输入 y 继续，输入其他键返回] ");
            char input;
            fflush(stdin);
            scanf("%c", & input);
            input=tolower(input);
            if(input=='y')
            {
                continue;
            }
            else
            {
                break;
            }
        }
        int i;
        printf("正在导出成绩单：\n");
        printf("-------------------------------------------------------------------------\n");
        printf("\t 学号\t 姓名\tC\tJAVA\tMySql\t 总分\t 平均分\t 绩点\n");
        printf("-------------------------------------------------------------------------\n");
        for (i = 0; i < student_number; i++)
        {
            printf("\t%d\t%s\t%.0f\t%.0f\t%.0f\t%.1f\t%.1f\t%.1f\n",
                stu[i].id, stu[i].name, stu[i].c_grade, stu[i].java_grade, stu[i].mysql_grade, stu[i].sum,
                stu[i].avg, stu[i].gpa);
        }
        printf("-------------------------------------------------------------------------\n");
}
```

3. 学生信息的查询

在结构体数组中按学号查询学生信息并显示，若学号不存在，则提示未找到。

```
#include <stdio.h>
/* 结构体 学生信息 */
struct student
{
    int id;              //学号
    char name[20];       //姓名
```

```
        float c_grade;          //C 语言成绩
        float java_grade;       //Java 成绩
        float mysql_grade;      //MySQL 成绩
        float sum;              //总分
        float avg;              //平均分
        float gpa;              //平均绩点
};
int main()
{
    struct student stu[50]={
                            {1,"张三",60,70,80,210,70,1.9},
                            {2,"李四",90,80,80,226,75,3.4},
                            {3,"王五",40,60,0,226,75,0.3}
                    };
    int student_number=0;
    int i;                  //循环控制变量
    int input_id;           //记录输入的学号
    printf("欢迎查询学生成绩\n");
    printf("请输入学号：");
    scanf("%d", &input_id);

    for(i=0;i<50;i++)
    {
        if(stu[i].id==input_id)
        {
            printf("成绩信息如下：\n");
            printf("-------------------------------------------------------------\n");
            printf("\t 学号\t 姓名\tC\tJAVA\tMySql\t 总分\t 平均分\t 绩点\n");
            printf("-------------------------------------------------------------\n");
            printf("\t%d\t%s\t%.0f\t%.0f\t%.0f\t%.1f\t%.1f\t%.1f\n",
                stu[i].id, stu[i].name, stu[i].c_grade, stu[i].java_grade, stu[i].mysql_grade, stu[i].sum,
                stu[i].avg, stu[i].gpa);
            printf("-------------------------------------------------------------\n");
            break;
        }
    }
    if (i==50)
    {
        printf("\n[warn]未找到该学号学生信息\n");
    }
}
```

有了上面的示例，请大家试着完成学生信息的修改和删除。

4. 学生信息的修改

5. 学生信息的删除

📁**测试验收单**

项目任务	任务实现		代码规范性	综合素养
	任务点	评分		
学生成绩管理系统	学生信息结构体的定义			
	学生信息添加功能的实现			
	学生信息查询功能的实现			
	学生信息修改功能的实现			
	学生信息删除功能的实现			

填表说明：

1．任务实现中每个任务点评分为 0～100。

2．代码规范性评价标准为 A、B、C、D、E，对应优、良、中、及格和不及格。

3．综合素养包括学习态度、学习能力、沟通能力、团队协作等，评价标准为 A、B、C、D、E，对应优、良、中、及格和不及格。

📁**总结与思考**

_____

_____

_____

素质拓展——个人与集体

在 C 语言中，结构体是一种重要的数据结构，它能够将不同类型的数据整合在一起，形成一个更为复杂、功能更强的整体结构。结构体通常包含了多个成员变量，每个成员变量都有其特定的数据类型，所有成员变量都在整个项目中承担着各自的作用，共同将项目推向成功。如同精心设计的建筑，每一个部件都各司其职、紧密相连，共同构筑起稳固且宏伟的构造。个人与集体的关系，亦是如此。

郑钦文是一位优秀的中国网球运动员，在 2024 年巴黎奥运会上夺得网球女子单打金牌，成为首位获得奥运网球单打金牌的中国球员，创造了历史。是什么支撑着她在没有积分的奥运赛场上一场又一场的逆风翻盘，赢得比赛呢？她说"我很累，但我还能为我的国家再打 3 小时"，她还说"奥运会比大满贯重要，国家荣誉永远超越个人荣誉"。这体现了她作为运动员的使命感和爱国情怀，也反映了她在个人与集体关系中的坚定立场。

集体是个人成长的摇篮，是实现自我价值的舞台。在集体中，个人能够获得归属感、安全感和力量感，通过与他人的交流与合作，不断拓展自己的视野，提升自身能力。集体为个人提供了展示才华、实现梦想的平台，让个人的专长得以充分发挥，为集体的发展贡献自己的力量。

我们当代青年应该清醒地认识到个人与集体的关系。个人离不开集体，集体也需要个人的积极参与和贡献。只有在个人与集体相互依存、相互促进的基础上，才能形成强大的合力，共同创造更加美好的未来。

习　题　7

一、选择题

1．在 C 语言中，系统为一个结构体变量分配的内存是（　　）。

    A．各成员所需内存量的总和

    B．结构体第一个成员所需的内存量

    C．成员中占内存量最大者所需的容量

    D．结构中最后一个成员所需的内存量

2．有如下程序：

```
struct data
{
    int a,b,c;
};
struct data d[2]={1,2,3,4,5,6};
int t;
t=d[0].a+d[1].b;
Printf("%d\n",t);
```

运行程序，结果为（　　）。

    A．10　　　　　　　B．12　　　　　　　C．4　　　　　　　D．6

3．关于结构体作为函数参数，下列描述中错误的是（　　）

    A．结构体可以作为函数参数　　　　　B．结构体数组可以作为函数参数

    C．结构体指针可以作为函数参数　　　D．结构体成员变量不可以作为函数参数

4．阅读下列程序：

```
main(){
    struct data
    {
        int x,y;
    }com[2]={1,3,2,7};
    Printf("%d\n",com[0].y/com[0].x*com[1].x);
}
```

程序的输出结果为（　　）。

    A．0　　　　　　　B．1　　　　　　　C．3　　　　　　　D．6

5．有结构体定义如下：

```
struct s
{
    int a;
float b;
}data ,*p;
```

若有 p=&data;，则以下对结构体成员引用正确的是（　　）。

    A．(*p).data.a   B．(*p).a   C．p->data.a   D．p.data.a

二、判断题

1．结构体是一种用户自定义的数据类型，可以用来组织多个不同类型的数据成员。
        （　　）

2．结构体中的数据成员可以通过点运算符来访问。（　　）

3．结构体中的成员变量必须大于一个。（　　）

4．结构体中的各个成员的类型可以各不相同。（　　）

5．结构体的定义可以放在函数内部，也可以放在函数外部。（　　）

三、编程题

某班有 20 名学生，每名学生的数据包括学号、姓名、语文成绩、数学成绩、英语成绩，从键盘输入 20 名学生的数据，要求打印出 3 门课的总平均成绩，以及最高分的学生数据（包括学号、语义成绩、数学成绩、英语成绩）。

模块 8 函　　数

- 理解 C 语言的函数。
- 掌握 C 语言中常用内置函数的功能与用法。
- 熟练掌握自定义函数的定义、调用及函数原型声明。
- 熟练掌握自定义函数中的参数传递及值的返回。
- 理解变量的作用域及存储类型。

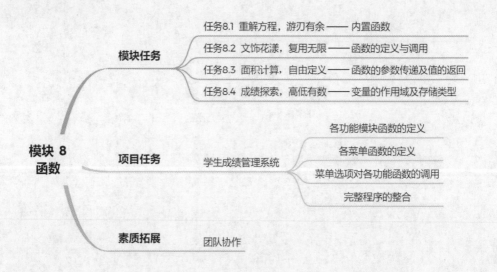

任务 8.1　重解方程，游刃有余——内置函数

任务导语

　　求解一元二次方程的实数根是我们初中就学习过的数学知识，大家还记得怎么判断和计算吗？在 C 语言中，又该怎么实现呢？来看看我们的任务吧！

📁 任务单

任务名称	重解方程，游刃有余	任务编号	8-1
任务描述	已知一个一元二次方程 $ax^2+bx+c=0$ 的三个系数(a,b,c)，求它的实数根	任务效果	 求一元二次方程的实数根
任务目标	1. 理解 C 语言的函数 2. 掌握 C 语言常见内置函数的用法		

📁 知识导入

一、函数简介

系统内置函数

C 语言是　种模块化的程序设计语言。在 C 语言中，我们把功能相对独立的代码封装在模块中，称之为函数。一个程序由一个或多个函数组成，通过函数之间的相互调用来实现相关功能。

函数机制的优势：

● 函数的使用实际上是对程序复杂性的分解，它将复杂问题分解为功能独立的模块，降低了开发的难度，提高了开发的效率。

● 功能相同的代码段被定义为函数后可以被重复调用，从而精简了代码，提高了代码的重用性。

● 功能相对独立的函数可以单独修改，提高了代码的可维护性。

函数使用说明：

（1）一个 C 程序可以由一个或多个源程序文件组成，每个源程序文件包含一个或多个函数。程序编译以源程序文件为单位进行，源程序文件可以被多个 C 程序共用。

（2）C 程序中必不可缺的是主函数 main()，程序的执行从 main()开始，所有调用结束后会返回 main()，它是程序的入口和出口。

（3）每个函数都需要单独定义，不能嵌套定义，所有函数都是平行的。主函数 main()由系统自动调用，主函数可以调用子函数，除了主函数之外的函数可以相互调用。

从用户使用角度看，函数可分为内置函数和自定义函数。

● 内置函数：内置函数也叫系统标准库函数，是由系统定义并保存在相关分类的头文件中，用户可以直接调用。例如前面使用的 printf()、scanf()等就是输入/输出头文件 stdio.h 中的内置函数。

● 自定义函数：是用户根据自身的实际需要而定义的函数，它需要用户定义和声明以后才能够调用。

二、内置函数

内置函数由 C 语言系统提供，不同系统提供的函数略有不同。美国国家标准协会

（ANSI）制定了 C 语言的标准，同时也定义了一定数量的库，我们称之为 ANSI C 语言标准函数库。以 ANSI C（C89）为例，标准库函数中有 15 个头文件，共包含了 137 个库函数。这些函数只需在程序前面用#include 命令包含定义该函数的头文件即可在程序中直接调用。

除了在前面学习过的 stdio.h 中包含的输入/输出函数和 string.h 中包含的字符串处理类函数，表 8-1 中还列出了一些 C 语言的常用内置函数及其头文件。

表 8-1　C 语言常用内置函数

内置函数	头文件	功能
double sqrt(double x)	math.h	计算 x 的平方根
double pow(double x,double y)		计算 x 的 y 次幂
double ceil(double x)		返回不小于 x 的最小整数
double floor(double x)		返回不大于 x 的最大整数
int toupper(int x)	ctype.h	若 x 为小写字母，返回它对应的大写字母
int tolower(int x)		若 x 为大写字母，返回它对应的小写字母
int rand(void)	stdlib.h	产生一个随机数
void exit(int retval)		终止程序

📂 任务实现

任务名称	重解方程，游刃有余	任务编号	8-1
任务分析	一元二次方程实数根的求解有三种情况：两个不相等的实根、两个相等的实根和无实数根。三种情况的判断由 △（简称 delta）实现，$\triangle = b^2 - 4ac$： 1. 当△>0 时，方程有两个不相等的实根： $$x_1 = \frac{-b + \sqrt{b^2 - 4ac}}{2a}, \quad x_2 = \frac{-b - \sqrt{b^2 - 4ac}}{2a}$$ 2. 当△=0 时，方程有两个相等的实根： $$x_1 = x_2 = \frac{-b}{2a}$$ 3. 当△<0 时，方程没有实数根 本任务在使用公式 $\sqrt{b^2 - 4ac}$ 进行平方根计算时就要用到 C 语言的内置函数	任务讲解	 求一元二次方程的 实数根
| 参考代码 | ```c
#include <stdio.h>
#include <math.h>          //导入包含了平方根函数 sqrt()的数学函数库
void main()
{
    int a,b,c;            //一元二次方程的二次项、一次项和常数项系数
    double x1,x2;         //一元二次方程的两个根
    double d;             //△的值
    printf("请依次输入 a，b，c 的值，用逗号分隔\n");
``` | | |
```

参考代码	`scanf("%d,%d,%d",&a,&b,&c);`
	`d=pow(b,2)-4*a*c;`　　　//d 为△，用于判断是否有实根，**pow()是求幂函数**
	`if(d>0)`　　　//△大于 0，有两个不相等的实数根
	`{`
	　　`x1=(-b+sqrt(d))/(2*a);`　　//第一个根，**sqrt()是平方根函数**
	　　`x2=(-b-sqrt(d))/(2*a);`　　//第二个根
	　　`printf("方程有两个不相等的实根\n");`
	　　`printf("x1=%.2f\nx2=%.2f\n",x1,x2);`
	`}`
	`else if(d==0)`　　　//△等于 0，有两个相等的实数根
	`{`
	　　`x1=-b/(2*a);`　　　/两个相等的实根的求解
	　　`printf("方程有两个相等的实根\n");`
	　　`printf("x1=x2=%.2f\n",x1);`
	`}`
	`else`　　　//△小于 0，没有实数根
	`{`
	　　`printf("方程没有实数根！");`
	`}`
	`}`

执行结果	1. 方程有两个不相等的实数根 ``` 请依次输入a,b,c的值，用逗号分隔 1,2,-3 方程有2个不相等的实根 x1=1.00 x2=-3.00 ``` 2. 方程有两个相等的实根 ``` 请依次输入a,b,c的值，用逗号分隔 1,-2,1 方程有2个相等的实根 x1=x2=1.00 ``` 3. 方程没有实数根 ``` 请依次输入a,b,c的值，用逗号分隔 2,3,4 方程没有实数根！ ```

📁 任务拓展

任务名称	猜数字游戏	任务编号	8-2
任务描述	随机生成一个 1～20 的整数，让用户进行猜数字游戏，若用户输入的数字大于随机数，则提示"你的数字大了！"；若用户输入的数字小于随机数，则提示"你的数字小了！"；若相等，则提示"恭喜你猜对了！"，程序结束；若 5 次都猜错，则提示"对不起，你 5 次全猜错了，下次再来吧！"，程序结束	任务讲解	猜数字游戏

任务提示	1. 随机数的生成要用到 rand()函数，但 rand()生成的随机数范围是 0～RAND_MAX（一般为 32767），要转换为 1～20，可使用 rand()%20+1 2. 用 rand()生成的随机数每次执行都一样，要想得到不同的随机数，可使用 srand((int) time(0))设置，srand()用于设置随机种子，默认为 1，而 time()用于使用动态的时间作为随机种子，从而使得每次的随机数不一样

参考代码	```c
	#include <stdio.h>
	#include <stdlib.h>
	int main()
	{
	    srand((int)time(0)); //用时间设置随机种子
	    int r=rand()%20+1; //生成 1～20 的随机数
	    int i;
	    int in;
	    int flag=0; //是否猜对的标志变量，初值为否
	    for(i=0;i<5;i++)
	    {
	        printf("请输入你猜的数字（1～20）：");
	        scanf("%d",&in);
	        if(in>r)
	        {
	            printf("你的数字大了！\n");
	        }
	        else if(in==r)
	        {
	            flag=1;
	            break;
	        }
	        else
	        {
	            printf("你的数字小了！\n");
	        }
	    }
	    if(flag==1)
	        printf("恭喜你猜对了！\n");
	    else
	        printf("对不起，你 5 次全猜错了，下次再来吧！\n");
	}
	``

执行结果	<div style="background:#000;color:#fff">请输入你猜的数字(1-20):20 你的数字大了！ 请输入你猜的数字(1-20):15 你的数字大了！ 请输入你猜的数字(1-20):10 你的数字大了！ 请输入你猜的数字(1-20):5 你的数字大了！ 请输入你猜的数字(1-20):2 你的数字大了！ 对不起，你5次全猜错了，下次再来吧！</div>

📂任务评价

任务编号	任务实现		代码规范性	综合素养
	任务点	评分		
8-1	导入 math.h 头文件			
	使用 pow()函数和 sqrt()函数求平方和平方根			
	使用分支语句判断一元二次方程实数根的三种情况并输出结果			
8-2	正确使用 srand((int)time(0))函数，用时间作为随机种子			
	使用 rand()%20 生成 1～20 的随机数			
	用 flag 作为标志变量判断是否猜数成功			
	使用循环变量控制猜数字的最多次数，并用 break 在猜数成功后退出循环			

填表说明：

1．任务实现中每个任务点评分为 0～100。

2．代码规范性评价标准为 A、B、C、D、E，对应优、良、中、及格和不及格。

3．综合素养包括学习态度、学习能力、沟通能力、团队协作等，评价标准为 A、B、C、D、E，对应优、良、中、及格和不及格。

📂总结与思考

任务 8.2　文饰花漾，复用无限——函数的定义与调用

📂任务导语

用程序输出文字是最常见的操作，有时为了对文字进行美化和突出，会添加一点"花边"进行装饰，这些会被反复使用的"花边"需要重复编写代码吗？来看看我们的任务吧！

📂任务单

任务名称	文饰花漾，复用无限	任务编号	8-3
任务描述	打印输出如下带花边装饰的文字： ****************************** *************************** 　　　This is a C program ****************************** ***************************	任务效果	为我们的文字加"花边"

任务目标	1. 掌握 C 语言函数的定义 2. 掌握 C 语言函数的调用 3. 掌握 C 语言函数原型说明

📂知识导入

函数的定义与调用

一、函数的定义

对于功能相对独立并会被重复使用的代码，我们可以将它们放在一个单独的模块内，称之为自定义函数。相对于主函数 main()，我们通常将自定义函数和标准库函数称为子函数。

```
返回值类型 函数名([参数类型 参数名 1][,参数类型 参数名 2][,…])
{
    函数体
    [return [返回值]];
}
```

说明：

（1）返回值类型。用于说明该函数执行结束时返回的值的类型。一个函数最多有一个返回值；若返回值类型省略，则默认返回值为 int 类型；若函数不需要返回值，则返回值类型设置为 void。

（2）函数名。函数名用于函数的标识及调用，命名规则遵循 C 语言的标识符命名规则。

（3）参数。函数名后()内是参数列表，用于接收函数调用时传递过来的数据。每个参数声明都要包含参数类型及参数名，参数名命名规则遵循 C 语言标识符命名规则；多个参数之间用逗号分隔；若不需要参数，则()内参数列表为空。

（4）函数体。放在{}内的语句称为函数体，由 0 条或多条语句组成，用于实现该函数的功能。当{}内为空时表示这是一个空函数，不能实现任何功能，一般用于预留扩充的位置。

（5）return 语句。函数中的 return 语句用于结束该函数的执行，返回主调函数。当函数需有返回值时，可用语句"return 返回值"返回，且该值必须与函数声明的返回值类型一致；一个函数最多只能有一个返回值；return 后没有返回值表示函数返回值为空；函数中若无 return 语句则执行完函数体后自动返回。

代码举例：

```
void print_rectangle()
{
    int i;
    for(i=1;i<=5;i++)
    {
        printf("##############################\n");
    }
}
```

代码分析：

（1）此函数用于输出矩形，不需要返回值，则返回值类型为 void。

（2）函数名按见名知意原则命名为 print_rectangle。

（3）本函数输出的图形为固定大小的图形，不需要传递参数，则参数列表为空。

（4）函数体内的语句用于输出一个由"#"构成的 5*30 的矩形。

（5）此函数不需要返回值，可省略 return 语句。

执行上面的任务会发现没有结果，为什么呢？因为自定义函数需要被调用才能执行。接下来，我们来看看函数的调用。

二、函数的调用

C 程序的主函数 main()在程序执行时被系统自动调用，而子函数在需要的时候被调用执行，子函数可以被主函数调用（如 main()调用 a()和 b()），函数之间也可以相互调用（如 a()调用 c()）或嵌套调用（如 main 嵌套调用 c()，子函数还可以自己调用自己，称为递归调用（如 b()调用自己），但主函数不能被子函数调用，如图 8-1 所示。

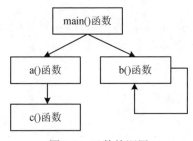

图 8-1 函数的调用

函数的调用是通过函数名来实现的，一般有如下两种方式：

（1）函数语句。

把函数调用作为一条语句，如 print_rectangle();，其中分号必不可缺，它是语句结束的标志，此形式一般用于无返回值函数的调用。

（2）函数表达式。

函数的调用出现在一个表达式中，作为表达式的一部分，如 a=max(a,b);，此形式一般用于有返回值函数的调用，函数的返回值参与表达式的计算。

把调用语句所在的函数称为主调函数，被调用的函数称为被调函数。函数调用发生时，程序执行将从主调函数转到被调函数的第一条语句。被调函数执行完最后一条语句或执行到 return 语句后，函数调用结束，程序将回到主调函数，并继续执行调用语句后的语句。图 8-2 展示出函数的调用及返回关系，在此关系中，主函数 main()是主调函数，print_rectangle()函数是被调函数。

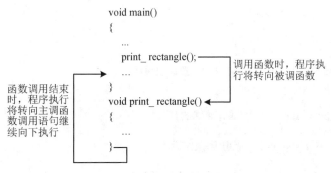

图 8-2 函数的调用及返回过程

三、函数原型

如果使用自定义函数，而该函数定义的位置在调用它的函数的后面（图 8-2），此时需要在程序的开始处（头文件之后）进行函数原型声明，用于向编译器指出该函数要使用的格式或语法。

函数原型声明格式：

函数头部;

说明：

（1）函数原型声明形式一般是函数头部（函数定义去掉函数体部分）后加一个分号，如 void print();。

（2）如果是带参数的函数，参数列表中的参数名可以不跟函数定义中的参数名一致，也可以只写参数类型，不写参数名，如 void add(int,int);。

程序示例 8-1：以下程序实现图 8-2 的功能，编写函数实现打印矩形并调用该函数。

```
#include <stdio.h>
void print_rectangle();        //函数原型声明
int main()
{
    print_rectangle();         //函数调用
}
void print_rectangle()         //函数定义
{
    int i;
    for(i=1;i<=5;i++)
    {
        printf("############################\n");
    }
}
```

📂任务实现

任务名称	文饰花漾，复用无限		任务编号	8-3
任务分析	本任务中文字上下的"*"花边外观完全一致，为了提高代码的复用性和编写效率，可以定义一个函数 print_star() 专门用于打印*，需要的时候调用即可	任务讲解		为我们的文字加"花边"

参考代码	<pre>#include <stdio.h>
	void print_star(); //自定义函数原型说明
	void main()
	{
	    print_star(); //调用函数打印*
	    printf("\tThis is a C program!\n");
	    print_star(); //调用函数打印*
	}
	void print_star() //定义函数用于打印*
	{</pre>			

参考代码	```
	    printf("***************************************\n");
	    printf("***************************************\n");
	}
	``

执行结果	``` *************************************** *************************************** This is a C program! *************************************** *************************************** ```

🗂 任务拓展

任务名称	选择菜单输出图形	任务编号	8-4
任务描述	定义菜单：1. 打印矩形 　　　　　2. 打印三角形 　　　　　0. 退出 通过输入对应序号选择实现打印矩形或三角形，菜单选择可以重复	任务讲解	菜单选择输出矩形或三角形
任务提示	1. 矩形和三角形是不同的图形，分别定义在不同的函数中打印 2. 主函数中设计菜单，并根据不同选择调用不同的函数 3. 菜单可以重复选择，因此将菜单的显示和选择放在循环模块中		

| 参考代码 | ```c
#include <stdio.h>
void print_rectangle();        //打印矩形的函数原型说明
void print_triagle();          //打印三角形的函数原型说明
int main()
{
    int select;
    while(1)                    //通过循环实现重复选择
    {
        printf("1. 打印长方形\n 2. 打印三角形\n0. 退出\n");    //菜单
        printf("请输入你的选择：");
        scanf("%d",&select);    //接收选择的序号
        switch(select)
        {
            case 1:print_rectangle();break;   //调用函数打印矩形
            case 2:print_triagle();break;     //调用函数打印三角形
            case 0:printf("谢谢使用，再见！\n");
                   exit(0);     //选择 0 时通过 exit(0)结束程序
            default:printf("输入有误，请在 0 和 2 之间选择。\n");
        }
    }
}
void print_rectangle()          //打印矩形的自定义函数
{
    printf("正在打印长方形……\n");
    int i;
    for(i=1;i<=5;i++)           //矩形的行数
    {
        printf("***************************\n");
``` |
|---|---|
```

参考代码	<pre> }
	}
	void print_triagle() //打印三角形的自定义函数
	{
	    printf("正在打印等腰三角形……\n");
	    int i,j,k;
	    for(i=1;i<=5;i++) //三角形行数
	    {
	        for(j=1;j<=5-i;j++)
	            printf(" "); //每行空格的个数
	        for(k=1;k<=2*i-1;k++)
	            printf("*"); //每行*的个数
	        printf("\n");
	    }
	}</pre>

执行结果	<pre>1. 打印长方形
	2. 打印三角形
	0. 退出
	请输入你的选择：1
	正在打印长方形……
	*******************************
	*******************************
	*******************************
	1. 打印长方形
	2. 打印三角形
	0. 退出
	请输入你的选择：2
	正在打印等腰三角形……
	     *
	    ***
	   *****
	  *******
	 *********
	1. 打印长方形
	2. 打印三角形
	0. 退出
	请输入你的选择：0
	谢谢使用，再见！</pre>

📁 任务评价

任务编号	任务实现		代码规范性	综合素养
	任务点	评分		
8-3	定义 print_star()函数用于打印*构成的花边			
	在输出文字的前后分别调用 print_star()函数输出花边			
	在程序头部对 print_star()函数进行原型说明			
8-4	定义 print_rectangle()函数打印矩形			
	定义 print_triagle()函数打印三角形			
	在主菜单中根据选择调用对应的函数打印图形			

填表说明：

1．任务实现中每个任务点评分为 0～100。

2．代码规范性评价标准为 A、B、C、D、E，对应优、良、中、及格和不及格。

3．综合素养包括学习态度、学习能力、沟通能力、团队协作等，评价标准为 A、B、C、D、E，对应优、良、中、及格和不及格。

📁 **总结与思考**

_____

_____

_____

任务 8.3　面积计算，自由定义——函数的参数传递及值的返回

📁 **任务导语**

通过前面任务的学习，我们已经能够轻松编写程序计算矩形的面积了，但如果希望程序像计算器一样在需要的时候就能自动根据长和宽计算不同矩形的面积，该怎么办呢？可将此功能定义为一个函数来实现，但矩形的长、宽怎么提供，面积又怎样反馈呢？来看看我们的任务吧！

📁 **任务单**

任务名称	面积计算，自由定义	任务编号	8-5
任务描述	定义函数计算矩形面积，矩形的长和宽通过参数传递，面积通过返回值返回	任务效果	定义函数计算长方形面积并将值返回
任务目标	1. 掌握函数参数传递的方法 2. 能够区分并灵活使用值的传递和引用传递 3. 掌握函数值的返回		

📁 **知识导入**

一、函数的参数传递

函数的参数传递及返回值

在函数调用中，大部分时候，被调函数需要处理的数据是通过主调函数向它提供的，这就要用到函数的参数传递。函数的参数分为形式参数（简称"形参"）和实际参数（简称"实参"），它们是一一对应的。定义函数时函数名后面括号中的变量名就是形参，而调用函数时函数名后面括号中的参数就是实参。

图 8-3 所示为函数的形参、实参及其数据传递方向。

函数参数使用说明：

（1）在函数定义中声明的形参，在函数调用前是没有分配内存空间的；当函数调用时，系统才会为它们分配空间并接受实参传递过来的数据；当函数调用结束时，形参所占

用的内存空间也会被释放。

（2）实参可以是常量、变量或表达式，实参的类型和数量必须与形参一致。

（3）函数调用时，实参的值按顺序一一对应传递给形参。

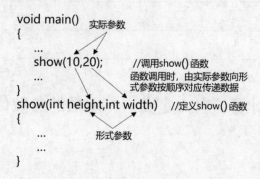

图 8-3　函数的参数传递

二、函数的返回值

如果希望在函数调用中使主调函数得到被调函数的一个确定的值，可使用函数的返回值来实现。

格式：return (<表达式>);

说明：

（1）被调函数中执行到 return 语句时，函数调用结束并向主调函数返回 return 后<表达式>的值，返回值最多只能有一个。返回后，程序的控制流将转回主调函数。

（2）返回值类型必须与函数声明中的返回值类型一致，若函数没有声明类型，则默认为整型。如果函数不需要返回值，则可用 void（空类型）关键字声明。

程序示例 8-2：定义函数根据参数传递的半径计算圆的面积，并将面积返回给主调函数。

```
#include <stdio.h>
double area_circle(float r);
void main()
{
    float r=3;
    //调用函数 area_circle()并将半径传递给子函数，调用完毕后将返回值赋给变量 s
    double s=area_circle(r);
    printf("\n 半径为：%.2f 的圆的面积为：%.2f\n",r,s);
}
double area_circle(float r)      //函数返回值为 double 类型，r 是形参，用于接收半径
{
    double area;
    area=3.14*r*r;               //计算面积
    return area;                 //返回面积

}
```

三、传值调用与引用调用

在函数的调用过程中，参数传递有两种方式：传值调用和引用调用。

1. 传值调用

默认情况下，C 语言的实参向形参的数据传递是"值传递"，单向传递，调用时，由实参生成一个其值的副本传递给形参，实参和形参是不同的单元，形参对值的改变并不能影响实参，调用结束后，形参单元被释放，实参保留并维持原值。传值调用的实参可以使用常量、变量、表达式、数组元素。

2. 引用调用

在函数的参数传递中，当想要形参和实参共享同一块内存空间，使得对形参的修改能够直接反映到实参上时，可以将实参的地址传递给形参（此时形参为指针类型），我们称之为引用调用，也称为传址调用。此外，当数组名作为实参传递时，它实际上传递的是数组首元素的地址，这也是最常使用的一种引用调用形式。

程序示例 8-3：定义函数实现对 5 个学生的成绩进行排序。

```c
#include <stdio.h>
void sort(float g[5]);        //函数原型
void main()
{
    float grade[5];
    int i;
    for(i=0;i<5;i++)
    {
        printf("请输入第%d 个学生的成绩：",i+1);
        scanf("%f",&grade[i]);
    }
    sort(grade);        //调用排序函数并将 grade 数组的首地址传递给形参数组 g
    printf("排序后的学生成绩为：\n");
    for(i=0;i<5;i++)
    {
        printf("%.2f\t",grade[i]);
    }
}
//排序函数，形参为数组 g，用于接收实参传递的数组地址，与实参 grade 共用空间
void sort(float g[5])
{
    int i,j;
    float t;
    for(i=0;i<5;i++)
    {
        for(j=0;j<4-i;j++)
        {
```

```
        if(g[j]>g[j+1])
        {
            t=g[j];
            g[j]=g[j+1];
            g[j+1]=t;
        }
    }
  }
}
```

使用说明：用数组名作实参时传递的是该数组的首地址，形参可以是类型一致的数组或指针。形参在取得该地址后即获得了整个数组。在本例中，主调函数中的实参数组 grade[5] 和被调函数 sort() 中的形参数组 g[5] 共用同一段内存空间，实际为同一数组，在 sort() 函数中对 g 数组的排序实际就是对主调函数中的 grade 数组的排序。

📂 **任务实现**

任务名称	面积计算，自由定义	任务编号	8-5
任务分析	1. 定义函数计算矩形面积，长和宽可在主函数中输入，其值以参数传递的方式在函数调用中传递给子函数 2. 子函数中计算面积并用 return 语句将其值返回给主函数	任务讲解	定义函数计算长方形面积并将值返回
参考代码	```#include <stdio.h>\nint area_rectangle(int h,int w); //函数原型说明\nvoid main()\n{\n int height,width,s;\n printf("请输入长方形的宽：");\n scanf("%d",&width);\n printf("请输入长方形的高：");\n scanf("%d",&height);\n s=area_rectangle(height,width); //调用函数，传递参数，获得返回值\n printf("宽为：%d 高为：%d 的长方形面积为：%d\n",width,height,s);\n}\n//计算长方形面积的函数，形参 h、w 用于接收长方形的长和宽\nint area_rectangle(int h,int w)\n{\n int area;\n area=h*w;\n return area; //返回面积\n}```		
执行结果	请输入长方形的宽：4 请输入长方形的高：5 宽为：4 高为：5 的长方形面积为：20		

📁 任务拓展

任务名称	成绩大比拼	任务编号	8-6
任务描述	已知 5 位学生的成绩,通过调用自定义函数求他们的最高分并在主函数中输出	任务讲解	通过函数求 5 位学生的最高分
任务提示	1．5 位学生的成绩用数组存放,在主函数中输入成绩 2．定义求最高分的函数 max(),形参为数组,调用时接收实参数组名传递的数组地址,两者共用内存空间,为同一数组 3．函数中求得成绩最高分并通过函数返回值返回主函数,在主函数中输出结果		
参考代码	(见下方代码)		
执行结果	(见下方结果)		

参考代码:

```c
#include <stdio.h>
float max(float g[5]);        //函数原型
void main()
{
    float grade[5],score_max;
    int i;
    for(i=0;i<5;i++)
    {
        printf("请输入第%d 位学生的成绩: ",i+1);
        scanf("%f",&grade[i]);
    }
    score_max=max(grade);    //调用函数 max(),将数组名作为参数传递并获取返回值
    printf("5 位学生的最高分为: %.2f\n",score_max);
}

float max(float g[5])      //求最高分函数,形参为数组,接收实参传递的数组地址
{
    int i;
    float m=g[0];        //变量 m 存放最大值,初值为第 1 位学生的成绩
    for(i=1;i<5;i++)
    {
        if(g[i]>m)
        {
            m=g[i];
        }
    }
    return m;
}
```

执行结果:

```
请输入第1位学生的成绩: 87
请输入第2位学生的成绩: 65
请输入第3位学生的成绩: 93
请输入第4位学生的成绩: 69
请输入第5位学生的成绩: 74
5位学生的最高分为: 93.00
```

📂 **任务评价**

任务编号	任务实现		代码规范性	综合素养
	任务点	评分		
8-5	定义函数 int area_rectangle(int h,int w)求矩形面积，形参 h 和 w 表示长和宽，返回值为面积			
	在 main()函数中调用函数 area_rectangle(height,width)并将长 height 和宽 width 作为实参传递给形参			
	通过调用语句将函数返回值赋给变量 s 并在 main()函数中输出			
8-6	定义函数 float max(float g[5])求一个数组的最大值，形参为数组，返回值为最大值			
	在 main()函数中调用函数 max(grade)并将学生成绩数组 grade 作为实参传递给形参			
	调用语句 score_max=max(grade)将函数返回值赋给变量 score_max 并在 main()函数中输出			

填表说明：

1. 任务实现中每个任务点评分为 0～100。
2. 代码规范性评价标准为 A、B、C、D、E，对应优、良、中、及格和不及格。
3. 综合素养包括学习态度、学习能力、沟通能力、团队协作等，评价标准为 A、B、C、D、E，对应优、良、中、及格和不及格。

📂 **总结与思考**

_____

_____

_____

_____

任务 8.4　成绩探索，高低有数——变量的作用域及存储类型

📂 **任务导语**

在前面的学习中我们知道，一个函数的返回值最多只能有一个，如果希望编写一个函数统计全班同学的最高分和最低分并返回，这是两个值，又该怎么处理呢？来看看我们的任务吧！

📁任务单

任务名称	成绩探索，高低有数		任务编号	8-7	
任务描述	已知 5 位学生的成绩，编写函数求他们的最高分和最低分并返回		任务效果		
				编写函数求 5 位学生成绩的最高分和最低分	
任务目标	1. 理解变量的作用域和存储类型 2. 掌握全局变量的用法				

📁知识导入

一、变量的作用域

C 语言的变量，按作用范围分，可分为局部变量和全局变量。

1. 局部变量

在函数体或语句块内部定义的变量称为局部变量，它只在定义它的函数内部或语句块内部有效，离开函数或语句块，该变量将会被释放内存空间。

说明：

（1）主函数 main()中定义的变量也是局部变量，只在主函数内有效。

（2）不同函数内可以声明同名的局部变量，它们的作用范围不同，互不影响。

（3）函数的形式参数也是局部变量。

2. 全局变量

函数体外定义的变量称为外部变量，它是全局变量，可以被本文件中的所有函数所共用，有效范围为从定义变量的位置开始到源文件结束。

图 8-4 中的变量 i、j 是局部变量，只能在定义它们的 main()函数中使用，全局变量 sum 在函数体外声明，本例中它在 main()函数和 display()函数中均可使用。

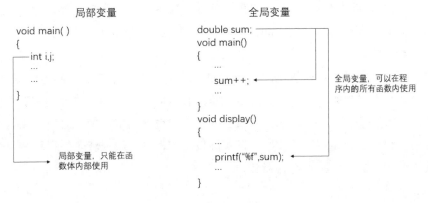

图 8-4　局部变量与全局变量

说明：

（1）全局变量增强了函数间数据的传递，但降低了函数的独立性和通用性，建议非必要不使用。

（2）同一个源文件中，若全局变量和局部变量同名，在共同作用范围内，局部变量优先，此时全局变量不起作用。

二、变量的存储类型

用变量的存在时间（也称为变量生存期）来划分，C 语言的变量可分为静态存储和动态存储两种。静态存储方式是指在变量定义的同时就为它分配固定的存储空间，直到程序结束才释放，如全局变量。动态存储方式则是在程序执行过程中根据需要动态分配存储空间，使用完毕立即释放，如函数的形参。一个变量或函数，除了具有数据类型的属性外，还具有存储类别的属性，具体包含以下 4 种：auto（自动的）、register（寄存器的）、static（静态的）和 extern（外部的），见表 8-2。

表 8-2　变量的存储类型

存储类型	功能
auto	自动变量
register	寄存器变量
static	静态变量
extern	外部变量

自动变量和寄存器变量属于动态存储方式，外部变量和静态变量属于静态存储方式。完整地说明一个变量或数组应包含两部分：数据类型和存储类型。例如：

```
static int m[5];          //说明 m 为静态整型数组
extern double a,b;        //说明 a 和 b 为外部双精度实型变量
auto char ch;             //说明 ch 为自动字符型变量，auto 可省略
```

1. auto 类型

C 语言规定，函数中没有专门声明存储类型的变量都默认为 auto 类型，auto 类型数据存储在动态存储区，动态地分配存储空间，函数中定义的局部变量和函数的形参都属于 auto 类型，函数调用时自动为其分配空间，函数调用结束后存储空间自动释放。

2. register 类型

一般情况下，变量都是存放在内存当中的，需要的时候从内存中读取到 CPU 中计算，但如果一个变量需要被频繁访问，会耗费大量的存取时间，此时可以使用寄存器变量。用 register 声明的变量称为寄存器变量，存放在 CPU 的寄存器中，使用时直接从寄存器读取而不用访问内存，从而提高执行效率。在实际使用中，循环次数较多的循环变量或循环体内反复使用的变量均可定义为寄存器变量。

3. extern 类型

在实际应用中，随着程序的复杂性增加，我们的代码也会越来越长，因此 C 语言允许

将一个大的程序文件分解成多个文件（如 a 文件和 b 文件），分别编译，链接执行。此时，如果 a 文件需要访问 b 文件中定义的外部变量 sum，则需要在 a 文件中使用 extern 对变量名作"外部变量声明"，如 extern sum;，这样，系统在编译和连接时，就会知道 sum 是一个在别的文件中定义的外部变量，并将 b 文件中外部变量 sum 的作用域扩展到本文件，从而可以在 a 文件中合法使用 b 文件中的外部变量 sum。外部变量在整个程序运行结束后才释放内存。

外部变量的生存期长，作用域大，但安全性较差，建议谨慎使用。

4. static 类型

用 static 关键字声明的变量称为静态变量，系统为它在静态存储区分配空间，静态变量在程序的整个运行期间都占用该存储单元，其值在程序执行过程中始终有效。例如：

```
static int sum;    //定义静态变量 sum
```

静态变量可分为静态全局变量和静态局部变量。

用 static 声明的全局变量，其作用域为声明它的文件模块，即使用 extern 声明为外部变量，也无法在别的文件中引用，从而可以使不同的文件中使用相同的外部变量而相互不干扰。

用 static 声明的局部变量，当定义它的函数结束时，该变量并不会被释放空间，当再次调用该函数时，其值会保留上一次调用的结果。定义为基本数据类型的静态局部变量声明时若未赋初值，系统自动赋值为 0。

📁 **任务实现**

任务名称	成绩探索，高低有数	任务编号	8-7
任务分析	本任务统计成绩的最高分和最低分，需要返回两个值，但 C 语言的函数最多只能返回一个值，因此可将需要返回的最高分和最低分定义为全局变量，它的作用范围是程序中的所有函数	任务讲解	编写函数求 5 位学生成绩的最高分和最低分

参考代码	<pre>#include <stdio.h>
	float score_max,score_min; //定义全局变量用于存放最高分和最低分
	void max_min(float g[5]); //函数原型说明
	void main()
	{
	    float grade[5];
	    int i;
	    for(i=0;i<5;i++)
	    {
	        printf("请输入第%d 位学生的成绩：",i+1);
	        scanf("%f",&grade[i]);
	    }
	    //调用函数并将数组首地址传递给子函数
	    max_min(grade);</pre>		

| 参考代码 | //利用全局变量将 max_min()函数中求得的最高分和最低分在主函数中输出
printf("最高分为：%.2f，最低分为：%.2f\n",score_max,score_min);
}
//自定义函数求最高分/最低分，形参为数组接收实参传递的地址
void max_min(float g[5])
{
    int i;
    score_max=g[0];   //假设第 **1** 位同学是最高分
    score_min=g[0];   //假设第 **1** 位同学也是最低分
    for(i=1;i<5;i++)
    {
        if(g[i]>score_max)
        {
            score_max=g[i];   //求最高分
        }
        else if(g[i]<score_min)
        {
            score_min=g[i];   //求最低分
        }
    }
} |
| 执行结果 | 请输入第1位学生的成绩：87
请输入第2位学生的成绩：65
请输入第3位学生的成绩：93
请输入第4位学生的成绩：69
请输入第5位学生的成绩：74
最高分为：93.00,最低分为：65.00 |

📂 任务拓展

任务名称	分行输出，格式控制	任务编号	8-8
任务描述	在主函数中输出 1~50，定义一个控制输出格式的子函数，使每行输出 5 个数	任务讲解	编写程序实现输出 1~50，通过函数控制每行输出 5 个数
任务提示	在子函数中定义静态局部变量，每调用一次该变量值累加 1，若该变量值为 5 的倍数，则输出换行符 "\n"，否则输出制表符 "\t"		

参考代码	#include <stdio.h>
	void format(); //函数原型说明
	int main()
	{
	    int i;
	    for(i=1;i<=50;i++)
	    {
	        printf("%d",i);
	        format(); //调用 **format()**子函数，决定输出换行符或制表符
	    }		

| 参考代码 | ```
}
void format()
{
    static int n=0;        //静态局部变量，其值在此函数调用后会保留
    n++;
    if(n%5==0)
        printf("\n");      //若为 5 的倍数输出换行符
    else
        printf("\t");      //否则输出空格（制表符）
}
``` |
|---|---|
| 执行结果 | ```
1       2       3       4       5
6       7       8       9       10
11      12      13      14      15
16      17      18      19      20
21      22      23      24      25
26      27      28      29      30
31      32      33      34      35
36      37      38      39      40
41      42      43      44      45
46      47      48      49      50
``` |

📁 任务评价

任务编号	任务实现		代码规范性	综合素养
	任务点	评分		
8-7	在程序头部定义全局变量 score_max 和 score_min			
	在函数 max_min(float g[5])中找到最高分和最低分保存到 score_max 和 score_min 中			
	在 main()函数中调用函数 max_min(grade);后输出 score_max 和 score_min 的值			
8-8	在函数 format()中定义静态局部变量 n，每调用一次该函数 n++			
	判断 n 的值为 5 的倍数时输出换行符，否则输入制表符			
	在 main()函数中输出 1~50 的循环中调用 format()函数控制输出格式			

填表说明：

1. 任务实现中每个任务点评分为 0~100。

2. 代码规范性评价标准为 A、B、C、D、E，对应优、良、中、及格和不及格。

3. 综合素养包括学习态度、学习能力、沟通能力、团队协作等，评价标准为 A、B、C、D、E，对应优、良、中、及格和不及格。

📁 总结与思考

项目任务　学生成绩管理系统：使用函数定义系统功能模块

📁 任务导语

在前面的项目任务中，已经完成了学生成绩管理系统各功能模块的设计，但目前大部分功能模块都是单独存在的，没有组成一个完整的系统，如果大家试着把所有功能放在一个模块中，会发现程序非常复杂，代码冗长，非常不便于设计和维护，而学习了函数以后，这个问题就可以用函数解决了。

📁 任务单

任务要求	完成学生成绩管理系统项目的完整设计	任务编号	8-9
任务描述	1. 完成系统的登录菜单、教师端菜单和学生端菜单的函数化改造 2. 完成打印、添加、删除、修改、查询、排序等模块的函数化改造 3. 完成函数之间的相互调用设计	任务讲解	使用函数定义系统功能模块
任务目标	将学生成绩管理系统的各功能模块定义为函数，通过函数调用实现项目的完整功能		

📁 任务分析

在本模块之前我们发现，学生成绩管理系统的各功能模块要么只能独立地存在于不同的程序中，相互之间无法建立关联；要么所有模块的功能全部编写在一个 main() 函数中，代码冗长，程序结构非常复杂，这对初学者来说是非常不友好的。学习完函数以后我们发现，系统各模块可以定义为一个程序的不同函数，通过函数调用建立联系，通过全局变量和参数传递传递数据，从而构建一个完整的项目。

通过对项目功能的分析，我们把项目的各模块分解为如图 8-5 所示的函数。

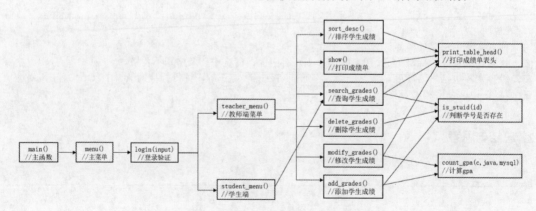

图 8-5　学生成绩管理系统各模块函数及调用情况

任务实现

1. 数据结构及主函数的定义

本案例中存放学生信息的数组需要在各函数使用，为了方便数据访问，把数组定义为长度为 50 的全局数组，同时定义一个全局变量 student_number 用于记录当前学生人数。主函数作为程序的入口，在主函数中调用主菜单。

```
struct student
{
    int id;                    //学号
    char name[20];             //姓名
    float c_grade;             //C 语言成绩
    float java_grade;          //Java 成绩
    float mysql_grade;         //MySQL 成绩
    float sum;                 //总分
    float avg;                 //平均分
    float gpa;                 //平均绩点
}stu[50];                      //学生数组
int student_number = 0;        //学生人数
//主函数
void main()
{
    menu();                    //调用主菜单
}
```

2. 主菜单 menu()及登录函数 login()定义

本案例中共有两级三个菜单，分别为第一级主菜单、第二级教师端菜单和学生端菜单，主要功能模块的调用都在菜单中实现。

主菜单中通过输入不同的数字选择进入登录模块，进行教师或学生的账号密码验证，验证成功则可进入二级菜单。

```
//主菜单
void menu()
{
    while（1）
    {
        printf("==============================\n");
        printf("    欢迎来到学生成绩管理系统       \n");
        printf("        1. 教师端               \n");
        printf("        2. 学生端               \n");
        printf("        3. 退出                 \n");
        printf("==============================\n");
        printf("[请输入数字选择菜单] ");
        int menu_input;         //记录菜单选择参数
        scanf("%d", & menu_input);
        printf("==============================\n");
        switch (menu_input)
```

```c
        {
            case 1:             //选择教师端
                printf("老师您好，请登录：\n");
                login(menu_input);
                break;
            case 2:             //选择学生端
                printf("同学您好，请登录：\n");
                login(menu_input);
                break;
            case 3:             //退出系统
                printf("\n[exit]感谢您的使用，已退出！\n");
                exit(0);
            default:            //输入异常
                printf("\n[warn]请重新选择！\n");
                continue;       //重新调用主菜单
        }
    }
}
/* 用户登录 */
void login(int menu_input)
{
    char username[20];         //记录当前登录账号
    char password[20];         //记录当前登录密码
    int login_err_num = 3;     //登录时允许输入错误的次数
    while (login_err_num--)
    {
        printf("请输入账号：");
        scanf("%s", username);
        printf("请输入密码：");
        scanf("%s", password);
        //验证账号密码是否匹配
        if (strcmp("teacher", username) == 0 && strcmp("123", password) == 0 && menu_input == 1)
        {
            //教师登录成功
            printf("\n[ok]请等待...\n");
            teacher_menu();     //调用教师菜单
            break;
        }
        else if (strcmp("student", username) == 0 && strcmp("123", password) == 0 && menu_input == 2)
        {
            //学生登录成功
            printf("\n[ok]请等待...\n");
            student_menu();     //调用学生菜单
            break;
        }
        else
```

```
        {
            //账号或密码错误，登录失败
            if (login_err_num == 0)
            {
                printf("\n[exit]您已输错三次，系统自动退出！\n");
                exit（1）;
            }
            printf("\n[warn]账号密码错误，请重新输入！\n");
            continue;
        }
    }
}
```

3. 教师端菜单 teacher_menu()定义

教师端菜单拥有本系统的全部功能选择：添加、删除、修改、查询、排序、打印等，通过菜单选择调用不同的子函数。

```
/* 菜单 教师端 */
void teacher_menu()
{
    while（1）
    {
        printf("==============================\n");
        printf("   学生成绩管理系统—教师端        \n");
        printf("       1．添加学生成绩           \n");
        printf("       2．打印学生成绩           \n");
        printf("       3．查询学生成绩           \n");
        printf("       4．修改学生成绩           \n");
        printf("       5．删除学生成绩           \n");
        printf("       6．排序学生成绩           \n");
        printf("       7．返回上级菜单           \n");
        printf("       8．退出系统              \n");
        printf("==============================\n");
        printf("请选择要执行的操作：");
        int menu_input;
        scanf("%d", & menu_input);
        switch (menu_input)
        {
            case 1:
                add_grades();        //调用添加函数
                break;
            case 2:
                show();              //调用打印函数
                break;
            case 3:
                search_grades();     //调用查询函数
                break;
            case 4:
```

```
                    modify_grades();      //调用修改函数
                    break;
                case 5:
                    delete_grades();      //调用删除函数
                    break;
                case 6:
                    sort_desc();          //调用排序函数
                    break;
                case 7:
                    menu();               //返回主菜单
                    break;
                case 8:
                    printf("\n[exit]感谢您的使用，系统已退出！\n");
                    exit(0);              //终止程序
                default:
                    printf("\n[warn]请重新选择！\n");
                    continue;
            }
        }
}
```

4. 学生端菜单 student_menu()定义

学生端相对教师端功能较少，只能进行成绩的查询，它与教师端的成绩查询菜单调用的是同一个函数 search_grades()。

```
void student_menu()
{
    printf("=================================\n");
    printf("      学生成绩管理系统—学生端      \n");
    search_grades();    //调用成绩查询函数
    printf("=================================\n");
}
```

5. 判断学生是否存在的函数 is_stuid()

在查询、修改、删除模块中都需要根据输入的学号判断学生是否存在，我们将这一功能定义为一个函数，避免代码重复编写，需要时调用即可。此函数调用时需要传递学号，若该学号在数组中存在，返回对应的数组下标值（位置），返回-1 表示不存在。

```
int is_stuid(int id)
{
    int i;
    for (i = 0; i < student_number; i++)
    {
        if (stu[i].id == id)
        {
            return i;
        }
    }
    return -1;
}
```

6.　打印表头的函数 print_table_head()

在成绩的查询、打印、修改、删除中都需要打印成绩单的表头，因此将表头的打印定义为一个函数以方便调用。

```c
void print_table_head()
{
    printf("--------------------------------------------------------------------\n");
    printf("\t 学号\t 姓名\tC\tJAVA\tMySql\t 总分\t 平均分\t 绩点\n");
    printf("--------------------------------------------------------------------\n");
}
```

7.　查询函数 search_grades()

各功能模块的定义在前面已经实现过，现在主要是进行函数化改造，我们以查询函数为例。查询函数根据输入的学号进行查询，若该学生存在，则显示该学生的各项信息，若不存在则给出提示信息，系统支持多次查询。在本函数中调用了输出成绩单表头的函数 print_table_head()和查询学生是否存在的函数 is_stuid(input_id)。

```c
/* 查询 */
void search_grades()
{
    int i;                          //循环控制变量
    int input_id;                   //记录输入的学号
    printf("欢迎查询学生成绩\n");
    printf("请输入学号：");
    scanf("%d", & input_id);
    if ((i=is_stuid(input_id))!=-1)  //若学生存在，则把位置通过函数返回值赋给 i
    {
        printf("成绩信息如下：\n ");
        print_table_head();          //打印表头
        printf("\t%d\t%s\t%.0f\t%.0f\t%.0f\t%.1f\t%.1f\t%.1f\n",
            stu[i].id, stu[i].name, stu[i].c_grade, stu[i].java_grade, stu[i].mysql_grade, stu[i].sum,
            stu[i].avg, stu[i].gpa);  //打印当前学生信息
        printf("--------------------------------------------------------------------\n");
    }
    else                            //若学生不存在
    {
        printf("\n[warn]未找到该学号学生信息\n");
    }
    printf("是否继续查询？[输入 y 继续，输入其他键返回] ");
    fflush(stdin);                  //清空输入缓冲区
    char menu_input=getchar();      //接收输入的字符
    menu_input=tolower(menu_input); //将输入的字符统一转换为小写
    switch (menu_input)             //对输入字符进行判断
    {
        case 'y':
            search_grades();
            break;
        default:
```

```
            return;
        }
}
```

有了上面的示例，接下来请同学们自己完成添加、修改、删除、排序等函数的定义。

8. 添加函数 add_grades()

9. 修改函数 modify_grades()

10. 删除函数 delete_grades()

11. 排序函数 sort_desc()

📂测试验收单

项目任务	任务实现		代码规范性	综合素养
	任务点	评分		
学生成绩管理系统	主菜单函数定义			
	登录函数定义			
	学生端菜单函数定义			
	教师端菜单函数定义			
	查询函数定义			
	添加函数定义			
	修改函数定义			
	删除函数定义			
	排序函数定义			
	完整程序调用			

填表说明：

1. 任务实现中每个任务点评分为 0～100。

2. 代码规范性评价标准为 A、B、C、D、E，对应优、良、中、及格和不及格。

3. 综合素养包括学习态度、学习能力、沟通能力、团队协作等，评价标准为 A、B、C、D、E，对应优、良、中、及格和不及格。

📂总结与思考

_____

_____

_____

素质拓展——团队协作

　　一个程序由若干函数组成，函数之间平等存在、相互调用，共同实现程序的功能。由此我们联想到学习、工作中的团队，一个团队由若干成员组成，团队成员各司其职又共同协作，共同推进任务的完成。一个项目的完成离不开团队，一个公司的成功也离不开有力的团队。比如大家熟悉的腾讯公司。腾讯科技（深圳）有限公司成立于 2000 年 2 月，是中国最大的互联网综合服务提供商之一，也是中国服务用户最多的互联网企业之一，大家熟悉的社交软件 QQ、微信就是他们的产品。腾讯的成功离不开它的初创团队——腾讯五虎将。1998 年，马化腾跟大学好友张志东、陈一丹、曾李青、许晨晔一起创办了腾讯公司。马化腾擅长产品和技术，张志东则是个技术天才，陈一丹是大管家和法律专家，曾李青是投资专家，许晨晔则是一个全才。腾讯如今发展为全球互联网市值排名前五的公司，团队成员功不可没，因此他们也被称为腾讯创业的五虎将。

软件开发也需要组建团队，那我们就来看看软件开发团队的组成吧。

软件开发团队一般由项目经理、架构师、系统分析师、开发工程师、软件测试工程师和界面设计师组成。

（1）项目经理。项目经理是整个软件开发团队的领导者，主要负责运营和管理该团队，确保整个项目的顺利进行。项目经理不仅需要具有良好的技术能力，能够有效确保团队的绩效、责任感和成果，同时还需要关注项目的财务状况，具有良好的领导能力，在允许的情况下尽可能地提高软件产品质量。

（2）架构师。架构师的任务是对软件系统提出架构设计，使系统模块重用性强，便于系统进行模块化分析和设计，并具有抗变化和复用性。架构师在软件开发过程中负责项目的架构设计工作，为软件开发提供技术指导，并与其他相关团队人员进行技术交流。

（3）系统分析师。系统分析师是软件开发团队不可或缺的一员，主要负责系统的分析和设计，将用户需求转化为软件系统设计。他还负责在软件开发过程中发现和分析系统中存在的问题，提出有效的解决方案，以提高系统设计和代码质量，确保软件系统能正确开发完成。

（4）开发工程师。开发工程师是软件开发团队中技术性最强的成员，负责开发软件产品的核心部分，如数据库架构、用户界面、功能开发等。他还负责根据系统设计文档进行编程，测试用例，根据测试结果进行程序调试，能够按时保质完成软件开发工作。

（5）界面设计师。界面设计师是软件开发团队中重要的一员，主要职责是使用用户界面设计技术将软件产品的功能实现在用户界面中，使用户能够容易地上手使用该产品。他们需要根据产品需求合理设计应用程序的用户界面，排列不同功能模块，改变用户体验，让产品更易使用和视觉上更加清晰，同时要确保界面设计的可用性和统一性。

（6）软件测试工程师。软件测试工程师的主要职责是保证软件产品能够按照用户需求正确开发和运行，而不会出现故障或错误。他们需要根据系统设计文档实施测试计划，对软件进行功能、性能、可靠性、安全性等方面的检查和测试并编写测试报告，确保软件产品能够符合用户需求。

这些岗位相辅相成，不同岗位的团队成员共同推进着项目走向成功。

在工作中我们需要团结协作，合作共赢，在学习中，我们的同学也可以组成项目小组，按个人能力和兴趣进行团队分工，在实践中培养团队合作意识，提升个人能力。

同学们，准备好了吗？

习 题 8

一、选择题

1. 下面的函数用于求两个数中的较大值，应该在横线处填入（　　）。

```
int max(int x,int y)
{return____ ;}
```

    A．x   B．y   C．x>y?x:y   D．x<y?x:y

2．静态局部变量的作用域为（　　）。

　　A．定义该变量的函数　　　　　　　B．定义该变量的源文件

　　C．主函数　　　　　　　　　　　　D．整个程序

3．下列对 C 语言中函数的错误描述是（　　）。

　　A．源文件由一个或多个函数组成

　　B．C 程序总是从 main()函数开始执行

　　C．C 程序总是从第一个函数开始执行

　　D．所有 C 函数都是平行的

4．设整型变量 x=2，函数 pow(x,4)的结果为（　　）。

　　A．5　　　　　　　　B．6　　　　　　　　C．8　　　　　　　　D．16

5．C 语言中，变量名作为函数参数，以下传递数据方式正确的是（　　）。

　　A．传递的值，为单向传递　　　　　B．传递的地址，为单向传递

　　C．传递的地址，为双向传递　　　　D．传递的值，为双向传递

6．在一个被调用函数中，关于 return 语句使用的描述错误的是（　　）。

　　A．被调用函数中可以不用 return 语句

　　B．被调用函数中可以使用多个 return 语句

　　C．被调用函数中，如果有返回值，就一定要有 return 语句

　　D．被调用函数中，一个 return 语句可以返回多个值给调用函数

7．若用数组名作为函数调用的实参，则传递给形参的是（　　）。

　　A．数组的首地址　　　　　　　　　B．数组第一个元素的值

　　C．数组中全部元素的值　　　　　　D．数组元素的个数

8．C 语言中，函数值类型的定义可以缺省，此时函数值的隐含类型是（　　）。

　　A．void　　　　　　B．int　　　　　　C．float　　　　　　D．double

9．全局变量的作用域为（　　）。

　　A．定义该变量的函数　　　　　　　B．定义该变量的函数和主函数

　　C．定义该变量的源文件　　　　　　D．整个程序

10．下列对于函数的描述中正确的是（　　）。

　　A．可以在一个函数内部定义另一个函数

　　B．函数参数至少需要一个

　　C．函数可以返回两个值

　　D．可以在函数内部调用自己

11．一个程序中声明了三个子函数：read()、write()、display()，在 main()函数中声明了一个变量 roll_no，可访问 roll_no 的函数是（　　）。

　　A．read　　　　　　B．write　　　　　　C．display　　　　　　D．main

12．分析下面的函数定义，该函数的功能为（　　）。

```
double fun1(int s[],n)
{  int i;
   double a=0.0;
   for(i=0;i<n;i++)
```

```
        a+=s[i];
        return(a/n);
}
```

  A．求 n 个数的累加和　　　　　B．将 n 个数分别除以 n 后返回

  C．求 n 个数的平均值　　　　　D．将 n 个数分别累加 a 后返回

13．C 语言中，数组名作为函数参数，传递数据方式正确的是（　　）。

  A．传递的值，为单向传递　　　　B．传递的地址，为单向传递

  C．传递的地址，为双向传递　　　　D．传递的值，为双向传递

二、判断题

1．局部变量如果没有指定初值，则其初值为 0。（　　）

2．当变量的存储类型定义缺省时，系统默认变量的存储类型为 auto 类型。
（　　）

3．函数 strcmp 从头至尾顺序地将其对应字符进行比较，遇到两个字符不等时，两个字符相减得到一个 int 型值，两个字符串完全相同时则返回 0。（　　）

4．实参向形参进行数值传递时，数值传递的方向是单向的，即形参变量值的改变不影响实参变量的值。（　　）

5．一个 C 程序可以由一个或多个函数构成，但必须有一个函数名为 main。（　　）

6．C 语言中的函数可以嵌套调用，也可以嵌套定义。（　　）

7．函数调用中，形参与实参的类型和个数必须保持一致。（　　）

8．return 语句在一个函数体内只能有一个。（　　）

9．在 C 语言中，一个函数一般由两部分组成，即函数首部和函数体。（　　）

三、编程题

1．下面程序的功能是在一个已经有序（从小到大排列）的数组中插入一个数，使得插入后的数组仍然保持有序。现已定义好主函数 main()，请根据已有的程序段声明并定义子函数 insert()。

```
#include <stdio.h>
void main()
{
    int i,n;
    int num[5+1]={2,9,13,20,56};
    printf("请输入要插入的数：");
    scanf("%d",&n);
    insert(num,n);
    printf("插入后的数组为：");
    for(i=0;i<6;i++)
        printf("%d\t",num[i]);
}
```

2．编写一个程序，使用子函数统计一串字符中小写字母的个数，该函数参数为一个字符数组，返回值为小写字母个数，在主函数中从键盘接收一串字符，并调用统计函数求

出小写字母个数，然后输出。

3．编写一个程序，统计输入字符串中字符‘x’出现的次数，要求字符串的输入和结果的输出在主函数中，统计过程在用户自定义子函数中实现。

例如，输入"XieXie"，计算结果为 2。

4．编写一个程序，实现求任意一个数 m 的 n 次方（m、n 均为整数)，要求：数据的输入和结果的输出在主函数中，自定义子函数 mypow() 实现求 m 的 n 次方。注意，程序中不能出现 pow() 函数。

5．已有函数调用语句 c=add (a,b);，请编写 add() 函数，计算两个实数 a 和 b 的和并返回和值。

```
main()
{
    float a,b,c;
    scanf("%f%f",&a,&b);
    c= add (a,b);
    printf("两数的和为%f",c);
}
```

模块 9 文 件

- 理解 C 语言文件的概念。
- 掌握 C 语言文件指针的用法。
- 掌握 C 语言文件的打开与关闭操作。
- 熟练掌握 C 语言文件的读取和写入操作。

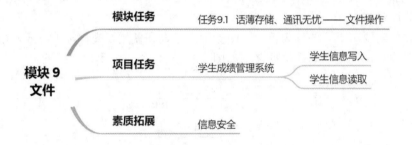

任务 9.1 话簿存储，通信无忧——文件操作

📂 **任务导语**

手机通讯录，作为常用应用之一，能够便捷地存储和展示联系人的信息。如何使用 C 程序模拟手机通讯录的功能，实现联系人信息的存取呢？来看看我们的任务吧！

📂 **任务单**

任务名称	话簿存储，通信无忧	任务编号	9-1
任务描述	设计并模拟手机通讯录功能，用 C 程序实现联系人信息的存取和管理	任务效果	模拟手机通讯录
任务目标	1．理解 C 语言文件的概念 2．掌握 C 语言文件指针的用法 3．掌握 C 语言文件的打开与关闭操作 4．掌握 C 语言文件的读写操作		

📂知识导入

在程序设计中，数据的存储和管理是至关重要的。在之前的任务中，我们已经学习了使用变量或数组来存储和操作数据，但是这种方式存在一个明显的限制：当程序结束时，所有存储在内存中的数据都会丢失。这对于需要长期保存数据的应用程序来说是不可接受的。

文件操作

为了解决这个问题，我们引入了文件的概念。文件是一种持久存储数据的方式，它可以在程序执行结束后继续存在，并且可以在需要时被读取和修改。在本模块中，我们将学习如何使用 C 语言中的文件操作函数从文件读取和写入数据，以实现数据的长期保存和管理。

一、文件概述

所谓"文件"是指一组有序的相关数据集合。在前面我们已经多次接触过文件的使用，包括创建源程序文件、编译生成目标文件、链接库文件（头文件）、生成可执行文件等。文件是程序数据源的一种，最主要的作用是保存数据。

在 C 语言中，文件可以作为输入源被读取，也可以作为输出目标将数据写入。文件是数据的持久性存储方式。

一个文件需要有唯一的标识符，以便被用户查询和使用，文件标识符通常由三部分组成：文件存放路径、文件名、扩展名，如图 9-1 所示。

D:\C语言程序设计\example\hello.c
　　存放路径　　　　　文件名 扩展名

图 9-1　文件标识符

文件可以从不同的角度进行分类，通常按存储内容分为文本文件和二进制文件。

- 文本文件。存储的内容是字符数据，通常使用 ASCII 码编码。这种文件可以由文本编辑器打开并读取。
- 二进制文件。存储的内容以二进制形式表示，可能包含非文本数据，如图像、音频、视频等。这种文件不易以文本编辑器直观查看。

文件通常存储在外部介质（如磁盘）上，在需要时才被加载到内存中。C 语言提供了一组标准库函数用于处理文件，这些函数允许程序打开、读取、写入和关闭文件。在 C 语言中，通过使用文件指针和相关的文件操作函数可以对这些不同类型的文件进行读写操作。

二、文件指针

C 语言使用文件指针访问文件，对文件的读写操作都是通过文件指针实现的，文件指针也遵循先声明后使用的原则。

声明文件指针的一般形式为：

FILE *指针变量标识符;

其中，FILE 应为大写，它实际上是由系统定义的一种结构，包含文件名、文件状态和文件当前位置等信息。例如：

FILE *fp;

这表示 fp 是指向 FILE 结构的指针变量。通过这个指针，可以找到存放某个文件信息的结构变量，然后根据结构变量提供的信息找到该文件，实施对文件的操作。通常，我们将这样的指针称为指向一个文件的指针。

三、文件的打开与关闭

文件在进行读写操作之前要先打开，使用完毕要关闭。所谓打开文件，实际上是建立文件的各种有关信息，并使文件指针指向该文件，以便进行其他操作。关闭文件则断开指针与文件之间的联系，即禁止再对该文件进行操作。

在 C 语言中，文件的打开和关闭是文件操作中的两个关键步骤。这涉及使用文件指针和相关的标准库函数。

1. 打开文件

在 C 语言中，使用 fopen() 函数来打开一个文件。fopen() 会获取文件信息，包括文件名、文件状态、当前读写位置等，并将这些信息保存到 FILE 类型的结构体变量中，然后将该变量的地址返回。

fopen() 函数的原型如下：

```
FILE *fopen(const char *filename, const char *mode);
```

说明：filename 是要打开的文件名，mode 是以什么方式打开文件的字符串参数。函数返回一个指向 FILE 结构体的指针，代表成功打开的文件流，如果打开失败则返回 NULL。

常见的 mode 参数见表 9-1。

表 9-1　常用的文件打开模式及其意义

mode 取值	意义
r	以只读方式打开文件，文件必须存在
w	以只写方式打开文件，若文件存在则将其内容清空，若文件不存在则创建新文件
a	以追加方式打开文件，若文件存在则将写入内容添加到文件末尾，若文件不存在则创建新文件
r+	以读写方式打开文件，文件必须存在
w+	以读写方式打开文件，若文件存在则将其内容清空，若文件不存在则创建新文件
a+	以读写方式打开文件，若文件存在则将写入内容添加到文件末尾，若文件不存在则创建新文件

例如：

```
FILE *fp = fopen("D:\\tea.txt","r");
```

表示以只读方式打开 D 盘下的 tea.txt 文件。

2. 关闭文件

文件一旦使用完毕，应该用 fclose() 函数把文件关闭，以释放相关资源，避免数据丢失。

fclose() 函数的原型如下：

```
int fclose(FILE *stream);
```

说明：stream 是要关闭的文件流指针，函数返回值为 0 表示成功关闭文件流，返回值为 EOF(-1) 表示关闭失败。

四、文件的读/写操作

在 C 语言中，读写文件比较灵活，既可以每次读写一个字符，也可以读写一个字符串，甚至是任意字节的数据（数据块）。

1. 字符读/写函数 fgetc() / fputc()

以字符形式读写文件时，fgetc()从文件中读取一个字符，fputc()向文件中写入一个字符。

（1）fgetc()。fgetc()函数原型如下：

```
int fgetc(FILE *stream);
```

说明：stream 是一个指向 FILE 结构体的指针，代表要读取的文件流，也就是打开文件 fopen()函数的返回值指针。fgetc()函数返回值为被读取的字符（以无符号字符表示，范围为 0～255），当到达文件结尾或者发生错误时返回 EOF(-1)。

fgetc()函数会从指定文件流中读取一个字符并返回，每次调用 fgetc()都会读取下一个字符。如果需要逐个字符地读取文件内容，可以通过循环不断调用 fgetc()直到遇到文件结尾（EOF）。

（2）fputc()。fputc()函数原型如下：

```
int fputc(int c, FILE *stream);
```

说明：c 是要写入的字符（以整数形式表示）；stream 是一个指向 FILE 结构体的指针，代表要写入的文件流，也就是打开文件 fopen()函数的返回值指针。fputc()函数返回值为成功写入的字符（即参数 c 的值），如果发生错误则返回 EOF(-1)。

fputc()函数会将指定的字符 c 写入到指定的文件流中。如果需要逐个字符地向文件中写入内容，可以通过循环不断调用 fputc()来实现。

2. 字符串读/写函数 fgets ()/ fputs()

fgetc()函数和 fputc()函数每次只能读写一个字符，速度较慢。实际开发中往往是每次读写一个字符串或一个数据块，这样能明显提高效率。

（1）fgets()。fgets()是 C 语言中用于从文件流中读取一行数据的函数，其原型如下：

```
char *fgets(char *str, int n, FILE *stream);
```

说明：str 是一个指向字符数组的指针，用来存储读取的内容；n 是要读取的最大字符数（包括结束符）；stream 是一个指向 FILE 结构体的指针，也就是打开文件 fopen()函数的返回值指针，代表要读取的文件流。

fgets()函数会从指定的文件流中读取一行数据，并将其存储到 str 所指向的字符数组中，直到遇到换行符或者达到指定的最大字符数为止。fgets()会在读取的内容末尾添加一个空字符 '\0'。

使用 fgets()函数时需要注意以下几点：

- 如果成功读取了数据，则返回值为 str；如果读取失败（比如已经到达文件结尾），则返回 NULL。
- fgets()会保留换行符（'\n'），所以读取的字符串可能包含换行符。
- 如果读取的行长度超过了 n-1，fgets()只会读取 n-1 个字符，剩余的字符留在输入缓冲区中。
- 使用 fgets()读取字符串时，需要确保目标缓冲区足够大，以免发生缓冲区溢出的情况。

（2）fputs()。fputs()是 C 语言中用于向文件流中写入字符串的函数，其原型如下：

```
int fputs(const char *str, FILE *stream);
```

说明：str 是一个指向要写入的字符串的指针；stream 是一个指向 FILE 结构体的指针，也就是打开文件 fopen()函数的返回值指针，代表要写入的文件流。

fputs()函数会将 str 所指向的字符串写入到指定的文件流中，直到遇到字符串结束标志 '\0'。成功写入则返回非负数，失败则返回 EOF(-1)。

使用 fputs()函数时需要注意以下几点：

● fputs()不会在写入的字符串末尾自动添加换行符，如果需要换行，需要手动在字符串中包含 '\n'。

● 写入的字符串长度不能超过文件流所允许的最大长度。

● 如果写入的字符串中包含了空字符 '\0'，fputs()会认为该字符是字符串的结束，因此可能导致提前结束写入。

程序示例 9-1：用 fputs()函数向文件中写入字符串，并使用 fgets()函数读取内容到控制台。

```c
#include <stdio.h>
int main()
{
    //以写入方式打开文件，用于后续的写入字符串操作
    FILE *file = fopen("example.txt", "w");
    //检查文件是否正常打开
    if (file == NULL)
    {
        printf("文件打开失败\n");
        return 1;
    }
    //写入文件
    char *str= "This part is new content!";
    if (fputs(str, file) != EOF)
    {
        printf("写入成功\n");
    }
    else
    {
        printf("写入失败\n");
    }
    fclose(file);

    //读取文件内容
    file = fopen("example.txt", "r");
    char buffer[100];
    if (fgets(buffer, 100, file) != NULL)
    {
```

```
            printf("读取的行：%s", buffer);
        }
        else
        {
            printf("读取失败\n");
        }
        fclose(file);
        return 0;
}
```

以上代码会创建一个名为 example.txt 的文件，并向其中写入字符串 "This part this new content!"，最后读取文件内容，显示在控制台上。

3. 数据块读/写函数 fread() / fwrite()

fgets()函数和 fputs()函数虽然灵活很多，但仍然有局限性，每次最多只能从文件中读写一行内容。如果希望读写多行内容，则需要使用 fread()函数和 fwrite()函数。

（1）fread()。fread()是 C 语言中用于从文件流中读取数据块的函数，其原型如下：

```
size_t fread(void *ptr, size_t size, size_t count, FILE *stream);
```

说明：ptr 是一个指向存储读取数据的内存块的指针；size 是每个数据项的大小（以字节为单位）；count 是要读取的数据项的数量；stream 是一个指向 FILE 结构体的指针，表示要读取的文件流。函数返回值是实际读取的数据项数量，如果返回值小于 count，则可能已经到达文件结尾。

fread()函数会从指定的文件流中读取数据块，每次读取 size*count 字节的数据，并将其存储到 ptr 指向的内存块中。

（2）fwrite()。在 C 语言中，fwrit()函数用于向文件写入数据，其原型如下：

```
size_t    fwrite(const void *ptr, size_t size, size_t count, FILE *stream);
```

说明：ptr 是要写入的数据的指针；size 是每个数据项的大小（以字节为单位）；count 是要写入的数据项的数量；stream 是一个指向文件的指针。

fwrite()函数将 count 个数据项写入文件，每个数据项的大小为 size 字节，函数返回实际写入的数据项数目。

程序示例 9-2：用 fwrite()函数向文件写入字符串，并使用 fread()函数读取至控制台。

```
#include <stdio.h>
#include <string.h>
int main()
{
    FILE *file;
    char *str = "This is exampe for fwrite() and fread()!\n";
    //打开文件
    file = fopen("example.txt", "w");
    if (file == NULL)
    {
        printf("文件打开失败\n");
```

```
        return 1;
    }
    fwrite(str, sizeof(char), strlen(str), file);
    fclose(file);
    //打开文件
    char buffer[100];
    size_t bytes_read;
    file = fopen("example.txt", "r");
    if (file == NULL)
    {
        printf("无法打开文件\n");
        exit(1);
    }
    while ((bytes_read = fread(buffer, 1, sizeof(buffer), file)) > 0)
    {
        fwrite(buffer, 1, bytes_read, stdout);
    }
    fclose(file);
    return 0;
}
```

4. 格式化读/写函数 fscanf ()/ fprintf()

fscanf()函数和 fprintf()函数与前面使用的 scanf()和 printf()功能相似，都是格式化读写函数，两者的区别在于 fscanf()和 fprintf()的读写对象不是键盘和显示器，而是磁盘文件。

（1）fscanf()。在 C 语言中，fscanf()函数用于从文件中读取格式化输入，其原型如下：

```
int fscanf(FILE *stream, const char *format, ...);
```

说明：stream 是一个指向文件的指针；format 是一个格式化字符串，用于指定输入项的格式和数量；... 是要读取的变量列表，根据 format 字符串中指定的格式进行赋值。

fscanf()函数会从文件中按照指定的格式读取数据，并将读取到的数据存储到相应的变量中。如果成功读取到数据，返回值为成功匹配并赋值的参数数量；如果发生错误或遇到文件结束，返回 EOF。

（2）fprintf()。在 C 语言中，fprintf()函数用于将格式化的数据输出到文件中，其原型如下：

```
int fprintf(FILE *stream, const char *format, ...);
```

说明：stream 是一个指向文件的指针；format 是一个格式化字符串，用于指定要输出的数据的格式和数量；... 是要输出的数据列表，根据 format 字符串中指定的格式进行输出。

fprintf()函数会根据指定的格式将数据输出到指定的文件中。如果成功将数据写入文件，返回值为输出的字符数；如果发生错误，返回负值。

📂 任务实现

任务名称	话簿存储，通信无忧	任务编号	9-1
任务分析	需求分析： ➢ 确定任务要求：设计并实现一个手机通讯录程序，使用文件操作函数读取和存储联系人信息 ➢ 确定功能需求：添加联系人、显示联系人列表、将联系人信息保存到文件、从文件加载联系人信息等功能 ➢ 确定性能需求：程序应能够处理大量联系人信息，同时保持高效性能 输入与输出： ➢ 输入：用户通过交互界面输入联系人的姓名和电话号码 ➢ 输出：程序显示联系人列表，并将联系人信息保存到文件中 数据结构设计： ➢ 联系人结构体：包含姓名和电话号码两个成员变量 ➢ 动态数组：用于存储联系人信息，可以根据实际需要动态扩展大小 算法设计： ➢ 添加联系人：将用户输入的姓名和电话号码添加到联系人数组中 ➢ 显示联系人列表：遍历联系人数组，逐个显示联系人的姓名和电话号码 ➢ 保存联系人信息到文件：使用文件操作函数将联系人数组中的信息写入文件 ➢ 从文件加载联系人信息：使用文件操作函数从文件中读取联系人信息并存储到联系人数组中 模块设计： ➢ 添加联系人模块：接收用户输入的姓名和电话号码并添加到联系人数组中 ➢ 显示联系人列表模块：负责遍历联系人数组并将联系人信息显示在屏幕上 ➢ 文件操作模块：实现从文件加载联系人信息和将联系人信息保存到文件中的功能 ➢ 用户界面模块：与用户交互，显示菜单选项，并调用相应的功能模块处理用户操作 测试与验证： ➢ 单元测试：对各个功能模块进行单元测试，确保其功能的正确性 ➢ 集成测试：测试整个程序的功能，确保各个模块之间的协调和交互正常 ➢ 功能测试：针对各个功能点进行测试，确保程序能够满足需求 ➢ 性能测试：测试程序在处理大量联系人信息时的性能表现，确保程序能够保持高效率	**任务讲解** 模拟手机通讯录	

| 参考代码 | ```c
#include <stdio.h>
#include <string.h>

//最大容量
#define MAX_CONTACTS 100
//通讯录格式（姓名+电话号码）
struct Contact
{
    char name[50];
    char phone[20];
};
//显示联系人
void displayContacts()
{
    FILE *file = fopen("D://contacts.txt", "r");
    if (file == NULL)
    {
        printf("无法打开文件\n");
        return;
    }
    struct Contact contacts[MAX_CONTACTS];
    int numContacts = 0;
    printf("===== 联系人信息 =====\n");
    printf("--------------------------------------------------\n");
    while (fscanf(file, "%s %s", contacts[numContacts].name, contacts[numContacts].
    phone) != EOF)
    {
        printf("姓名：%s          电话：%s\n", contacts[numContacts].name, contacts
        [numContacts].phone);
        numContacts++;
    }
    printf("--------------------------------------------------\n");
    fclose(file);
}
//添加联系人
void addContact()
{
    FILE *file = fopen("D://contacts.txt", "a");
    if (file == NULL)
    {
        printf("无法打开文件\n");
        return;
    }
    struct Contact newContact;
    printf("请输入姓名：");
    scanf("%s", newContact.name);
    printf("请输入电话：");
    scanf("%s", newContact.phone);
    fprintf(file, "%s %s\n", newContact.name, newContact.phone);
``` |
```

| 参考代码 | ```c
    fclose(file);
}
//主菜单
int main()
{
    int choice;
    do
    {
        printf("\n=====  我的通讯录  =====\n");
        printf("  1. 我的联系人\n");
        printf("  2. 添加联系人\n");
        printf("  3. 退出\n");
        printf("请选择操作：");
        scanf("%d", &choice);
        switch (choice)
        {
            case 1:
                displayContacts();
                break;
            case 2:
                addContact();

                break;
            case 3:
                printf("程序已退出\n");
                break;
            default:
                printf("无效选项\n");
        }
    } while (choice != 3);
    return 0;
}
``` |
| 执行结果 | |
```

📁 任务拓展

任务名称	增强手机通讯录功能		任务编号	9-2
任务描述	在现有的手机通讯录程序基础上拓展其功能，使其更加实用和方便，增强功能包括搜索联系人、删除联系人等		任务讲解	增强手机通讯录功能
任务分析	需求分析： ➢　确定任务要求：在现有的手机通讯录程序中增加搜索、删除联系人功能 ➢　确定功能需求：实现按姓名搜索联系人、删除指定联系人等功能 ➢　确定性能需求：增强功能后，程序仍应保持高效性能，并能够处理大量联系人信息 输入与输出： ➢　输入：用户输入搜索关键字、待删除联系人的姓名 ➢　输出：搜索结果、删除成功的提示信息 算法设计： ➢　搜索联系人：遍历联系人数组，匹配姓名与搜索关键字，输出匹配结果 ➢　删除联系人：遍历联系人数组，找到待删除的联系人并删除 模块设计： ➢　搜索联系人模块：负责接收用户输入的搜索关键字并根据关键字搜索联系人数组 ➢　删除联系人模块：负责接收用户输入的待删除联系人姓名并删除对应的联系人信息			

参考代码	```c
	#include <stdio.h>
	#include <string.h>
	
	//最大容量
	#define MAX_CONTACTS 100
	//通讯录格式（姓名+电话号码）
	struct Contact
	{
	    char name[50];
	    char phone[20];
	};
	//显示联系人
	void displayContacts()
	{
	    FILE *file = fopen("D://contacts.txt", "r");
	    if (file == NULL)
	    {
	        printf("无法打开文件\n");
	        return;
	    }
	    struct Contact contacts[MAX_CONTACTS];
	    int numContacts = 0;
	    printf("===== 联系人信息 =====\n");
	    printf("--\n");
	    while (fscanf(file, "%s %s", contacts[numContacts].name, contacts```			

```
                    [numContacts].phone) != EOF)
                    {
                        printf("姓名：%s          电话：%s\n", contacts[numContacts].name, contacts
                        [numContacts].phone);
                        numContacts++;
                    }
                    printf("--------------------------------------------------\n");
                    fclose(file);
                }
                //添加联系人
                void addContact() {
                    FILE *file = fopen("D://contacts.txt", "a");
                    if (file == NULL)
                    {
                        printf("无法打开文件\n");
                        return;
                    }
                    struct Contact newContact;
                    printf("请输入姓名：");
                    scanf("%s", newContact.name);
                    printf("请输入电话：");
                    scanf("%s", newContact.phone);
                    fprintf(file, "%s %s\n", newContact.name, newContact.phone);
                    fclose(file);
                }
参考代码          //查找联系人
                void searchContact(char* name)
                {
                    FILE *file = fopen("D://contacts.txt", "r");
                    if (file == NULL)
                    {
                        printf("无法打开文件\n");
                        return;
                    }
                    struct Contact contact;
                    int found = 0;
                    while (fscanf(file, "%s %s", contact.name, contact.phone) != EOF)
                    {
                        if (strcmp(contact.name, name) == 0)
                        {
                            printf("姓名：%s，电话：%s\n", contact.name, contact.phone);
                            found = 1;
                            break;
                        }
                    }
                    if (!found)
                    {
                        printf("未找到该联系人\n");
                    }
                    fclose(file);
                }
```

| 参考代码 | ```c
//删除联系人
void deleteContact(char* name)
{
    FILE *tempFile = fopen("D://temp_contacts.txt", "w");
    FILE *file = fopen("D://contacts.txt", "r");
    if (file == NULL || tempFile == NULL)
    {
        printf("无法打开文件\n");
        return;
    }
    struct Contact contact;
    int found = 0;
    while (fscanf(file, "%s %s", contact.name, contact.phone) != EOF)
    {
        if (strcmp(contact.name, name) != 0)
        {
            fprintf(tempFile, "%s %s\n", contact.name, contact.phone);
        }
        else
        {
            found = 1;
        }
    }
    fclose(file);
    fclose(tempFile);
    remove("D://contacts.txt");
    rename("D://temp_contacts.txt", "D://contacts.txt");
    if (found)
    {
        printf("已成功删除联系人\n");
    }
    else
    {
        printf("未找到该联系人\n");
    }
}

int main()
{
    int choice;
    char searchName[50];
    char deleteName[50];
    char editName[50];

    do
    {
        printf("\n=====  我的通讯录  =====\n");
        printf("   1. 我的联系人\n");
        printf("   2. 添加联系人\n");
        printf("   3. 查找联系人\n");
``` |
|---|---|
```

参考代码	```c
	        printf(" 4. 删除联系人\n");
	        printf(" 5. 退出\n");
	        printf("请选择操作：");
	        scanf("%d", &choice);
	
	        switch (choice)
	        {
	            case 1:
	                displayContacts();
	                break;
	            case 2:
	                addContact();
	                break;
	            case 3:
	                printf("请输入要查找的联系人姓名：");
	                scanf("%s", searchName);
	                searchContact(searchName);
	                break;
	            case 4:
	                printf("请输入要删除的联系人姓名：");
	                scanf("%s", deleteName);
	                deleteContact(deleteName);
	                break;
	            case 5:
	                printf("程序已退出\n");
	                break;
	            default:
	                printf("无效选项\n");
	        }
	    } while (choice != 5);
	    return 0;
	}
	``

执行结果	```
	===== 我的通讯录 =====
	  1. 显示联系人
	  2. 添加联系人
	  3. 查找联系人
	  4. 删除联系人
	  5. 退出
	请选择操作：1
	===== 联系人信息 =====
	------------------------------------ 	
	姓名：lisi 电话：17723146720
	------------------------------------ 	
	
	===== 我的通讯录 =====
	  1. 显示联系人
	  2. 添加联系人
	  3. 查找联系人
	  4. 删除联系人
	  5. 退出
	请选择操作：2
	请输入姓名：zhangsan
	请输入电话：19810326721
	``

| 执行结果 | ```
=====  我的通讯录  =====
  1．显示联系人
  2．添加联系人
  3．查找联系人
  4．删除联系人
  5．退出
请选择操作：3
请输入要查找的联系人姓名：lisi
姓名：lisi，电话：17723146720

=====  我的通讯录  =====
  1．显示联系人
  2．添加联系人
  3．查找联系人
  4．删除联系人
  5．退出
请选择操作：4
请输入要删除的联系人姓名：lisi
已成功删除联系人
``` <br><br> ```
=====  我的通讯录  =====
  1．显示联系人
  2．添加联系人
  3．查找联系人
  4．删除联系人
  5．退出
请选择操作：1
=====  联系人信息  =====
─────────────────────────────
姓名：zhangsan        电话：19810326721
─────────────────────────────

=====  我的通讯录  =====
  1．显示联系人
  2．添加联系人
  3．查找联系人
  4．删除联系人
  5．退出
请选择操作：5
程序已退出
``` |

📁 任务评价

任务 编号	任务实现		代码 规范性	综合 素养
	任务点	评分		
9-1	定义通讯录结构体			
	主菜单的设计与展示			
	显示联系人功能的设计与开发			
	添加联系人功能的设计与开发			
9-2	查找联系人功能的设计与开发			
	删除联系人功能的设计与开发			
	程序的整体调试与运行			

填表说明：

1．任务实现中每个任务点评分为 0~100。

2．代码规范性评价标准为 A、B、C、D、E，对应优、良、中、及格和不及格。

3．综合素养包括学习态度、学习能力、沟通能力、团队协作等，评价标准为 A、B、C、D、E，对应优、良、中、及格和不及格。

📂**总结与思考**

_____

_____

_____

项目任务　学生成绩管理系统：使用文件保存学生信息

📂**任务导语**

在前面的项目任务中，已经通过函数对学生成绩管理系统进行了整合，组成了一个完整的系统。但是系统一旦停止运行，所有录入的信息就会丢失，接下来我们就使用文件知识来解决数据持久化存储问题。

📂**任务单**

任务要求	使用文件存储学生成绩信息	任务编号	9-3
任务描述	1. 编写写入文件信息函数 2. 编写读取文件信息函数 3. 分析在何处定义与调用文件操作函数	任务讲解	使用文件存储学生信息
任务目标	将学生信息存入文件，在需要的时候进行读写		

📂**任务分析**

在前面的项目任务中，学生成绩管理系统中的数据，只要没有在程序中静态写入，一旦程序运行结束，执行过程中输入的数据全部丢失。学习了文件的使用以后，就可以将需要保存的数据信息写入文件，以保证数据的重复使用。

📂**任务实现**

1. 数据保存至文件函数 save()

在这个模块中，利用 fwrite() 函数将存储在 stu[] 数组中的学生成绩信息写入一个名为 student.txt 的文件，以实现对数据的持久性存储。

```c
/* 保存数据到文件 */
void save()
{
    int i;    //循环控制变量
    FILE *fp;
    fp = fopen("student.txt", "w");
    if (fp == NULL)
    {
```

```
            printf("\n[warn]文件打开失败\n");
        }
        else
        {
            for(i=0;i<student_number;i++)
                fwrite(&stu[i],sizeof(struct student),1,fp);
                printf("\n[ok]学生成绩写入文件完毕！\n");
        }
        fclose(fp);
}
```

2. 读取文件中的数据函数 read()

通过读取位于当前文件夹下的 student.txt 文件将存储在文件中的学生成绩信息读取出来，并将其赋值给 stu[]数组。这一步操作的目的是实现将文件中存储的数据还原到程序中。

```
/* 读取文件信息 */
void read()
{
    student_number=0;
    int i;
    FILE *fp;
    fp=fopen("student.txt","r");
    for(i=0;i<50;i++)
    {
        if(fread(&stu[i],sizeof(struct student),1,fp)==1)
            student_number++;
        else
            break;
    }
    fclose(fp);
}
```

3. 调用 save()函数和 read()函数

定义好函数后，必须在正确的位置说明和调用它，才能实现相关功能。

（1）在程序头部需要对函数进行原型说明，如图 9-2 所示。

```
/* 函数声明 */
// 菜单
void menu(); // 主界面菜单
void teacher_menu(); // 教师菜单
void student_menu(); // 学生菜单
// 操作
void login(int menu_input); // 用户登录
void show(); // 打印学生成绩单
void add_grades(); // 添加学生成绩
void search_grades(); // 查询学生成绩
void modify_grades(); // 修改学生成绩
void delete_grades(); // 删除学生成绩
void save(); // 将数据写入文件
void read(); // 读取文件数据
void print_table_head(); // 打印表头
```

图 9-2　读文件函数 rea()和写文件函数 save()原型说明

（2）程序初始化前需要读取数据，调用 read()函数，如图 9-3 所示。

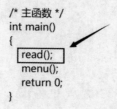

```
/* 主函数 */
int main()
{
    read();
    menu();
    return 0;
}
```

图 9-3　程序初始化时调用 read()函数

（3）排序功能结束后需要调用 read()函数使数组恢复排序之前的顺序，从而使排序结果不影响原数组数据排列，如图 9-4 所示。

```
/* 排序 按绩点逆序排序 */
void sort_desc()
{
    int i, j;
    // 冒泡排序
    for (i = 0; i < student_number; i++)
    {
        for (j = 0; j < student_number - i - 1; j++)
        {
            if (stu[j].gpa < stu[j + 1].gpa)
            {
                struct student stu1;
                stu1 = stu[j];
                stu[j] = stu[j + 1];
                stu[j + 1] = stu1;
            }
        }
    }
    printf("\n[ok]排序成功！ ");
    show();
    read();//使排序结果不影响原数组数据排列
    return;
}
```

图 9-4　排序完成后调用 read()函数恢复原数据

（4）添加学生信息后需要调用 save()函数保存数据，如图 9-5 所示。

```
/* 添加学生成绩 */
void add_grades()
{
    ……
    // 判断学号是否存在
    if (is_stuid(id) == 1)
    {
        printf("\n[warn]该学号已存在!\n");
    }
    else
    {
        ……
        printf("\n[ok]学生成绩录入完毕!\n");
        save(); // 数据保存进文件
    }
    ……
}
```

图 9-5　添加学生后调用 save()函数将数据写入文件

（5）修改学生信息后需要调用 save()函数保存数据，如图 9-6 所示。

```
/* 修改学生成绩 */
void modify_grades()
{
    int i; // 循环控制变量
    int input_id; // 输入的学号
    ......
    if (i == student_number)
        printf("\n[warn]未找到该学号学生\n");
    else
        save(); // 保存学生信息到文件中
    printf("[按任意键返回......] ");
    fflush(stdin);
    char menu_input = getchar();
    return;
}
```

图 9-6　修改学生信息后调用 save()函数将数据重新写入文件

（6）删除学生信息后需要调用 save()函数保存数据，如图 9-7 所示。

```
/* 删除学生成绩 */
void delete_grades()
{
    int i, j; // 循环控制变量
    int input_id; // 输入学生学号
    char answer; // 删除控制
    ......

    if (is_find==0) //该学号不存在
        printf("\n[warn]未找到该学号学生!\n");
    if(is_delete==1)
        save();
    printf("[按任意键返回......] ");
    fflush(stdin);
    char menu_input = getchar();
    return;
}
```

图 9-7　删除学生信息后调用 save()函数将最新的信息重新写入文件

接下来请大家在程序中的正确位置调用 read()函数和 save()函数实现文件的读写。

📂测试验收单

项目任务	任务实现		代码规范性	综合素养
	任务点	评分		
学生成绩管理系统	学生数据的读文件操作			
	学生数据的写文件操作			
	正确调用读文件函数和写文件函数			

填表说明：
1. 任务实现中每个任务点评分为 0～100。
2. 代码规范性评价标准为 A、B、C、D、E，对应优、良、中、及格和不及格。
3. 综合素养包括学习态度、学习能力、沟通能力、团队协作等，评价标准为 A、B、C、D、E，对应优、良、中、及格和不及格。

📂**总结与思考**

_____

_____

_____

_____

素质拓展——信息安全

文件的读、写、执行权限是操作系统中对文件进行访问控制的基本机制。这些权限是为了保障系统的安全性、隐私性、合理资源分配。

大家知道为什么要给文件赋予权限吗？

安全性：

读权限：允许用户查看文件内容。控制读权限可以限制对敏感信息的访问，确保只有授权的用户才能读取文件内容。

写权限：允许用户修改文件内容。限制写权限可以防止未授权的修改或损坏文件的行为，确保文件的完整性。

执行权限：对于可执行文件，执行权限控制了用户是否能运行该文件。通过限制执行权限可以防止用户执行潜在危险的可执行文件。

隐私性：

读权限的控制可以确保用户只能访问他们有权访问的文件，从而保护个人隐私和敏感信息。

数据完整性：

写权限的限制确保只有授权用户才能修改文件内容，从而维护文件的数据完整性。

合理资源分配：

文件的读写权限也涉及系统资源的分配。通过权限的控制系统可以更有效地管理对文件的访问，防止资源被滥用。

防止意外删除：

对于目录来说，执行权限控制是否允许用户进入该目录。如果没有执行权限，用户无法进入目录，从而防止对该目录中文件的误删或误操作。

系统安全性：

执行权限还用于控制用户是否能运行系统命令或自定义脚本。限制执行权限可以降低系统受到恶意攻击的风险。

总体而言，文件的读、写、执行权限是操作系统提供的一种强大的安全机制，用于确保系统和用户数据的安全、隐私和完整。这种权限系统是计算机操作系统中的基本原则之一，为多用户环境下的系统提供了灵活的访问控制机制。

在数字化时代，信息安全是一项至关重要的任务。如何保护信息安全成为我们每个人都应该关注和学习的课题。

信息安全的重要性：

● 信息是组织和个人生产、学习、工作的重要资产，涵盖了各种机密、个人隐私和重要数据。

● 泄露信息可能导致个人隐私曝光、商业机密泄露和社会稳定风险。

信息安全的挑战：

● 网络攻击与病毒侵袭：网络黑客和恶意软件可能通过网络渗透获取用户信息。

● 数据丢失与泄露：由于人为操作失误或系统漏洞，信息可能遭到意外丢失或泄露。

● 社交工程与欺诈：通过社交工程手段获取用户信息，进行诈骗或其他不法活动。

信息安全的保护：

● 强化密码保护：设置复杂密码，定期更新，并采用双重认证等方式增强信息的安全性。

● 数据加密技术：对敏感信息进行加密处理，确保即使被盗取也无法直接获取其中的信息。

● 定期备份与恢复：建立定期备份机制，确保文件信息在意外情况下能够及时恢复。

● 安全审计与监控：建立安全审计和监控机制，及时发现和应对信息的异常访问和使用行为。

个人责任与社会共治：

● 每个人都应该对自己的信息负起保护责任，提高信息安全意识，妥善保管个人信息。

● 政府、企业和社会组织应加强信息安全管理，制定相关法律法规和标准，共同维护信息安全。

信息安全事关个人隐私、国家安全和社会稳定，我们每个人都应该积极行动起来，共同筑起保护信息的数字安全堤坝，为数字化社会的发展贡献力量。

习 题 9

一、选择题

1. 在 C 语言中，以下（　　）函数用于打开一个文件。

 A．open()　　　　　　　　B．read()

 C．fopen()　　　　　　　　D．fopenfile()

2. 以下（　　）函数用于关闭一个已打开的文件。

 A．close()　　　　　　　　B．fclose()

 C．endfile()　　　　　　　D．fileclose()

3. 在 C 语言中，用于从文件中读取一个字符的函数是（　　）。

    A．getc()　　　　　　　　　　　B．read()

    C．fgetc()　　　　　　　　　　　D．getcharfile()

4. 如果在使用 fopen()函数打开文件时指定的模式是"wb"，它表示（　　）。

    A．以只写方式打开二进制文件　　B．以只读方式打开文本文件

    C．以读写方式打开二进制文件　　D．以追加方式打开文本文件

5.（　　）函数用于将一个字符写入文件。

    A．fput()　　　　　　　　　　　B．write()

    C．putc()　　　　　　　　　　　D．fwrite()

6. 在 C 语言文件操作中，以下（　　）函数用于在文件中定位指针的位置。

    A．fsetpos()　　　　　　　　　　B．fseek()

    C．setfilepos()　　　　　　　　　D．fileseek()

7. 如果想在一个文本文件的末尾添加内容，应使用（　　）模式。

    A．"r"　　　　　　　　　　　　B．"w"

    C．"a"　　　　　　　　　　　　D．"b"

8. 在 C 语言中，用于判断文件是否成功打开的函数是（　　）。

    A．openfile()　　　　　　　　　　B．checkfile()

    C．filecheck()　　　　　　　　　　D．fopen()

9.（　　）函数用于从文件中读取一行字符（　　）。

    A．getline()　　　　　　　　　　B．readfile()

    C．fgets()　　　　　　　　　　　D．readline()

10. 在 C 语言中，用于将格式化数据写入文件的函数是（　　）。

    A．printf()　　　　　　　　　　　B．fprint()

    C．fprintf()　　　　　　　　　　　D．writefile()

二、判断题

1. 在 C 语言中，fopen()函数用于创建新文件。　　　　　　　　　　　（　　）

2. fclose()函数用于关闭一个已打开的文件。　　　　　　　　　　　　（　　）

3. putc()函数用于将一个字符写入文件。　　　　　　　　　　　　　（　　）

4. 在 C 语言中，文件指针可以通过 fseek()函数进行定位。　　　　　　（　　）

5. "wb"是用于以只写方式打开一个二进制文件的 fopen()模式。　　　　（　　）

6. feof()函数用于检查文件是否已经打开。　　　　　　　　　　　　　（　　）

7. fgetc()函数用于从文件中读取一个字符串。　　　　　　　　　　　（　　）

8. "a+"是用于以只读方式打开一个文本文件的 fopen()模式。　　　　　（　　）

9. fgets()函数用于从文件中读取一行字符。　　　　　　　　　　　　（　　）

10. 在 C 语言中，fprintf()函数用于从文件中读取格式化数据。　　　　（　　）

三、编程题

1．从键盘输入一行字符"I love C"，写入文件。

2．编写一个 C 程序，实现将一个文本文件 input.txt 的内容复制到另一个文件 output.txt 中。

3．编写一个 C 程序，从一个文本文件 numbers.txt 中读取一列数字，然后计算这些数字的总和，并将结果输出到另一个文件 sum.txt 中。